なんで
中学生のときに
学んで
おかなかったん
だろう…

現代用語の基礎知識・編

おとなの楽習

17

理科のおさらい

天文

自由国民社

装画・ささめやゆき

口絵

第２章 太陽系の惑星たち

空を流れる川

▲天の川

空を流れる川、天の川は、無数の恒星が集まったものです。ギリシャ神話には、こんな話があります。神々の王ゼウスが、わが子ヘラクレスを不死身にするために妻であるヘーラーの母乳を飲ませようとしたときにこぼれた母乳が天に流れ、環になったといいます。天の川が英語で「Milky Way」と呼ばれるのはそのためです。

夜空を彩る星たち ①
アンドロメダ座のアンドロメダ銀河

▲**アンドロメダ銀河**
アンドロメダ銀河は、アンドロメダ座にある渦巻き状の銀河です。太陽系を含む銀河よりも大きく、肉眼でも確認することができます。

夜空を彩る星たち②
いて座の散光星雲（オメガ星雲）

▲**いて座のオメガ星雲**
散光星雲とは、ガスやチリが光を反射して光って見える星雲のことです。いて座には、オメガ星雲のほか、干潟《ひがた》星雲など多くの星雲や星団が確認されています。

夜空を彩る星たち③
おうし座のプレアデス星団

▲プレアデス星団
プレアデス星団は別名すばる星ともいい、肉眼でも輝くいくつかの星を観察することができます。

夜空を彩る星たち④
いっかくじゅう座のばら星雲

▲ばら星雲

ばら星雲は、オリオン座のベテルギウスとこいぬ座のプロキオンの間にあるいっかくじゅう座の中にある星雲です。肉眼では見えないため、干渉フィルターを使って観測します。写真に撮るとばらのように見えるため、ばら星雲と呼ばれています。

夜空を彩る星たち⑤
オリオン座のオリオン大星雲

▲オリオン大星雲

オリオン大星雲は、オリオン座の３つ並んだ星の中央にある散光星雲です。肉眼で見ることができる星雲の中で、もっとも明るいものの１つです。肉眼では緑っぽく見えます。

空にかかる光のカーテン

◀**3色のオーロラ**
カナダ・クルアニ国立公園で撮影されたオーロラです。オーロラの青、緑、赤の3色がはっきり確認できます。

▶**カナダ・イエローナイフにて**
カナダ最北の都市、イエローナイフではオーロラがよく観測されています。

オーロラは、北極や南極などでよく観測される、大気の発光現象です。太陽風が地球の大気中の粒子とぶつかることで起こり、粒子の種類によって色が変わります。北欧神話では、オーロラは夜空を駆けるワルキューレ(神と人間の間の子)たちの甲冑《かっちゅう》の輝きといわれています。

空をかける ほうき星と流れ星

ヘール・ボップ彗星としし座流星群

▲ヘール・ボップ彗星

彗星と流星群は、ダイナミックな天体ショーの1つです。ヘール・ボップ彗星は1997年に観測された、とても明るい彗星で、およそ18カ月観測することができました。

▲しし座流星群レオニド

宇宙の不思議を探る—
HⅡAロケット

▼宇宙へ飛び立つHⅡAロケット

HⅡA ロケットは、宇宙航空開発機構(JAXA)が開発した人工衛星打ち上げ用ロケットです。現在17号機までが打ち上げられており、18号機は準天頂衛星(上空のある地点に長時間とどまることができる衛星)初号機「みちびき」の打ち上げに使用される予定になっています。　(2010年7月時点)

はるか上空から

▼**成層圏から見た地球**

地上の上空11kmから50kmまでを成層圏といいます。成層圏には光を妨げる雲やチリなどがないため、地上で見るよりもずっと澄んだ青空を見ることができます。

準天頂衛星と国際宇宙ステーション

(C)JAXA

◀準天頂衛星「みちびき」

準天頂衛星「みちびき」は、全国のほぼ100%の地域をカバー可能な高精度の測位能力をもちます。

▼国際宇宙ステーション(ISS)

ISSは、地上から約350kmの上空で、地球や宇宙のさまざまな研究や実験を行う有人施設です。2010年秋の完成が予定されています。

(C)JAXA

太陽の光を受けて

▼小型ソーラー電力セイル実証機「イカロス」

イカロスは、太陽のエネルギーを帆に受け、ヨットのように宇宙を進む宇宙帆船です。HⅡAロケットで、金星探査機「あかつき」とともに2010年5月21日に打ち上げられました。

宇宙に浮かぶ蒼い宝石

▲はやぶさが撮影した地球

◀**小惑星探査機「はやぶさ」**

「はやぶさ」は、地球と似た軌道をもつ小惑星「イトカワ」の調査と試料の採取を目的に、2003年に打ち上げられた小型の探査機です。2010年6月13日、その役目を終えて地球に帰還しました。

ギリシャ神話の神々の系譜

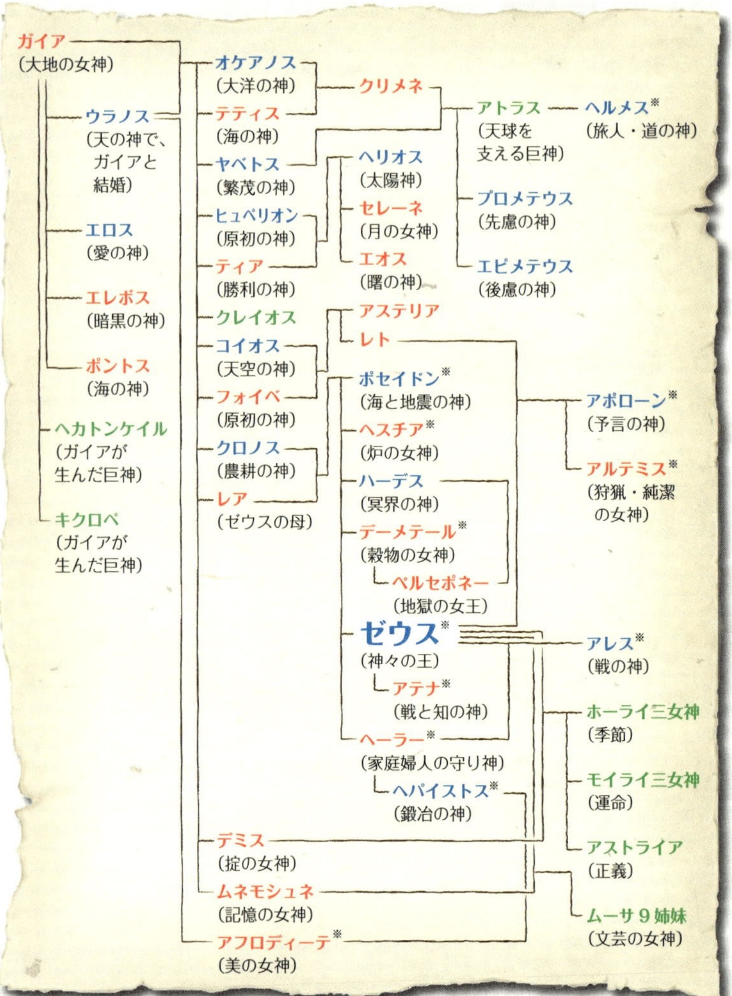

▲ギリシャ神話の神々の関係

ギリシャでもっとも高い山であるオリンポスの山に住むゼウス一族はオリンポスの12神（※印）と呼ばれ、特に強大な力をもっています。

好色家ゼウスと女性たちとの関係

ゼウス

母	子
アイギナ（妖精）	アイアコス（冥界の裁判官）
アルクメネ（ミュケナイの王女）	ヘラクレス（ギリシャ神話の最大の英雄）
アンティオペ（テーバイの王女）	アムフィオン、ゼトス（双子で、テーバイの王）
イオ（ヘーラーに仕える巫子）	エパフォス（古代エジプトの首都の建設者）
エウロペ（フェニキアの王女）	サルペドン（クレタの英雄）、ミノス（クレタの王）、ラダマンテュス（冥界の裁判官）
エレクトラ（ミケーネの王女）	イアシオン（富の神プルトスの父）、ダルダノス（トロイアの王）、ハルモニア（調和の女神）
カリスト（森の妖精）	アルカス（アルカディアの王）
セメレ（ゼウスの愛人）	ディオニュソス（バッカス）（酒と演劇の神）
ダナエ（アルゴスの王女）	ペルセウス（ギリシャ神話の勇者）
ニオベ（ゼウスの愛人）	アルゴス（ギリシャ神話の英雄）、ペラスゴス（アルカディア地方の王）
プルト（水の妖精）	タンタロス（小アジアの王）
レダ（スパルタの王妃）	カストル（乗馬の名手）、ヘレネ（絶世の美女）

▲ギリシャ神話に登場するゼウスと女性たちの関係

好色家で知られるゼウスには、女神たちだけでなく人間や妖精の女性たちとの恋慕話も多く、それだけに子どももたくさんいます。

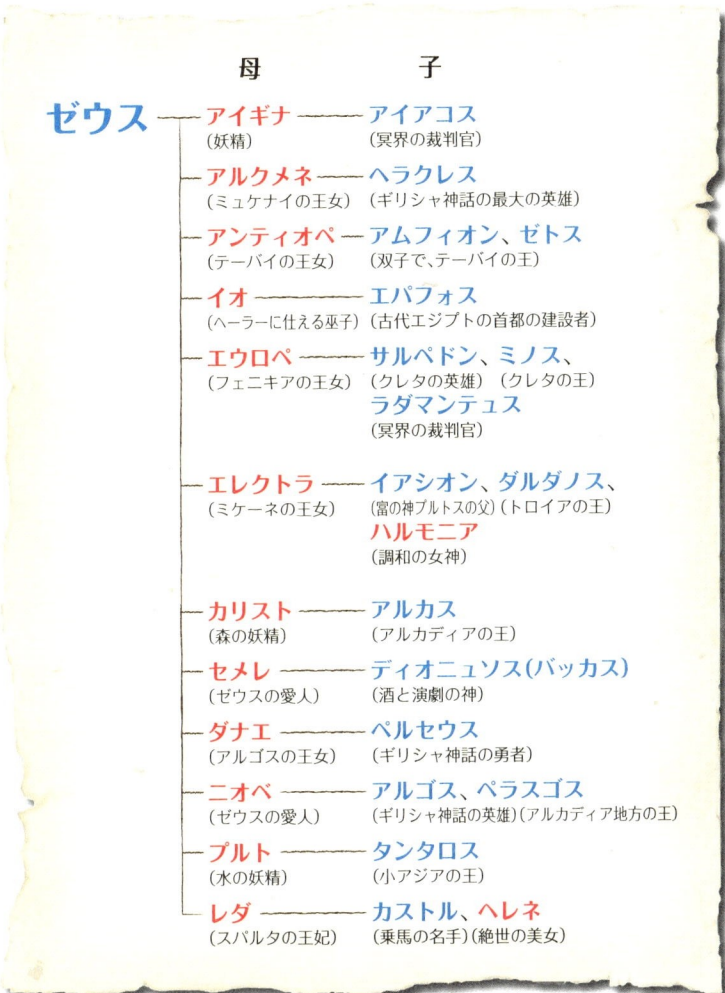

西洋占星術の起源

▲西洋占星術のホロスコープ

星占いでおなじみの占星術は、古代バビロニア時代から研究されてきた技術です。太陽系の天体の配置や動きなどから、上の図のような天体の位置関係を円形で示したホロスコープを使って人間や社会のさまざまなことを占います。

～プロローグ～

私が「天文」や「宇宙」に興味をもったきっかけは中学生の頃に読んだ１冊の本です。それは中国の昔話だったのですが、そこに次のような記述があったのです。

あるところに４キロ四方の大きなマスがあり、そこには鳥の羽根（ケシの実という話もあります）が一杯入っています。３年に一度天女が下りてきて、その羽根の１つをマスの外に放ります。そのマスの中の羽根が無くなるまので時間を「一劫（いっこう）」といいます。

この劫という時間の単位は宗教によって異なりますが、たとえば、ヒンズー教では約43億年、仏教では具体的な数字は示されていません。

なお、地球が誕生してから約46億年だといわれていますが、これはヒンズー教でいう「一劫」より少し（？）長い時間ということになります。

みなさんになじみが深いところでいいますと、落語の『寿限無（じゅげむ）』の中に「五劫の擦り切れ」というのが出てきます。この「五劫」というのは、さっきの「一劫」が５回、つまり「かなり長い時間」を指すわけです。

また、仏像の中に「五劫思惟像（ごこうしゆいぞう）」というのがあります。これは『寿限無』の「五劫」の間、思惟つまり、物事を考えているというもので、その仏像は髪を切る時間がなくアフロヘアーになっています。

想像もつかない長い時間の単位を昔の人間が考えていた、ということに驚いた私は、それからというもの、今からお話しする「天文」や「宇宙」に興味をもちはじめたのです。

落語で使われる「五劫」も、仏像の「五劫」のことも、それから後に知ったことですが、たぶんこの「劫」という時間の単位を知らなければ、“ふ〜ん”で終わっていたかもしれません。

人は、自分の持っている物以上の事を感じることはできません。だから、物事を楽しむためには自分の中に知識をたくさんためておく必要があります。

これからみなさんと「天文」を「おさらい」していきます。それは、身近に感じた天文に関する興味や疑問を一緒に解決していこうというものです。中には解決できないものもあるでしょう。解決できなくてもいいじゃありませんか。そんな気楽な感じで読み進めていただければと思っています。

第1章……星座と宇宙

1 星座は5000年以上も前に創りはじめられた

なにも人工的な光のない真っ暗な夜に空を見上げた経験はありますか。真っ暗というのは、隣にいる人も手探りでないとわからないような状態をいいます。

そこには、無数の星々が輝いています。よく星空を表現するのに「降ってくるような星空」というのがありますが、これは陳腐な比喩《ひゆ》ではありません。天の川などを見ていると見あきることがありませんし、そこに手を伸ばせばまさに、つかむことができそうです。

遠い昔、メソポタミア文明が栄えていた頃(紀元前3100年ごろ―今から5000年以上も昔です)、人々は夜空の星に壮大な絵を重ねて、「あれは○○のようだ」といって星座を創りはじめました。それを言い出したのは、羊飼いだったとされています。

想像してみてください。チグリス・ユーフラテス川が生み出した肥沃《ひよく》な大地であるメソポタミア地方(現代でいえばイラクのあたりです)で、羊飼いの人々が夜空を見上げ、「あの星とあの星たちを結べば動物のようだ。人間のようだ」と話し合っている様子を。現代の私たちの生活は、便利になりすぎ、想像力が減少しているのかもしれませんね。

それから後、これらの星座はギリシャに受け継がれることになります。

華やかな神話が語られていたギリシャ時代、メソポタミアで生まれた星座は、私たちが知っている星座となって現在に伝えられているのです。

メソポタミア時代、そしてギリシャ時代も、星座は、今がどのような時刻で、どのような季節かを知る大きな手がかりとなっていました。

みなさんは、肉眼で見える星の数を知っていますか。約3000個です。私たちの銀河系には1000億個から2000億個ともいわれるほどたくさんの星があり、そのような銀河がさらに1000億個から2000億個あるとされている宇宙において、肉眼で見える星はたった3000個なのです。

そして、その3000個の星から創られた星座の数は、**国際天文学連合**という世界の天文学者で構成されている組織によって、1930年に**88個**と決められました。

これから、この中で主な星座を見ていきましょう。

地球には四季があるところが多いので、春・夏・秋・冬の代表的な星座について、ギリシャ神話とともに見ていくことにしましょう。

日本の都会でもオリオン座などは見ることができますので、この本を読み興味がわいたら、これからは車に気をつけながら夜空を眺めてみてください。あなたも、メソポタミアの羊飼いの気分を少しでも味わえるかもしれませんよ。

2 春の星座　春の大三角形を探す

まず、誰でも知っていると思われる「**北斗七星**」の話からはじめましょう。

今ではあまり使いませんが「ひしゃく（神社で手を清めるときに使うものを思い浮かべてください）」の形をした７つの星です。現代ではフライパンの形といったほうがわかりやすいかもしれませんね。

右のページに春の星座の図を描いておきましたので、それを見てください。

まず、北斗七星のフライパンの柄のカーブの部分から南へ大きな曲線を描いてみてください。そうすると、１等星（等星とは、星の明るさを表現する単位です）である「**アルクトゥルス**」を経て、これまた１等星の「**スピカ**」という星へたどり着くと思います。これを「**春の大曲線**」と呼んでいます。

アルクトゥルスは少しオレンジ色をしていますが、スピカは白い星です。

また、「**春の大三角形**」というのもあります。これは今いった「アルクトゥルス」「スピカ」および「**デネボラ**（２等星の白い星です）」という星を結んだ大きな三角形のことです。

今いった「アルクトゥルス」は「**うしかい座**」の、スピカは「**おとめ座**」の、「デネボラ」は「**しし座**」の一部です。

さて、ついでに**北極星**についても触れておきましょう。

北斗七星の先の２つの星の間隔を５倍すると、北極星が見つかります。北極星は常に北の方向を指しているので、それを目印にしてください。なお、現在の北極星は「**こぐま座のα**（アルファ）」ですが、１万2000年後ぐらいには「**ことく座のベガ**」が北極星になるとされています。

春の星座

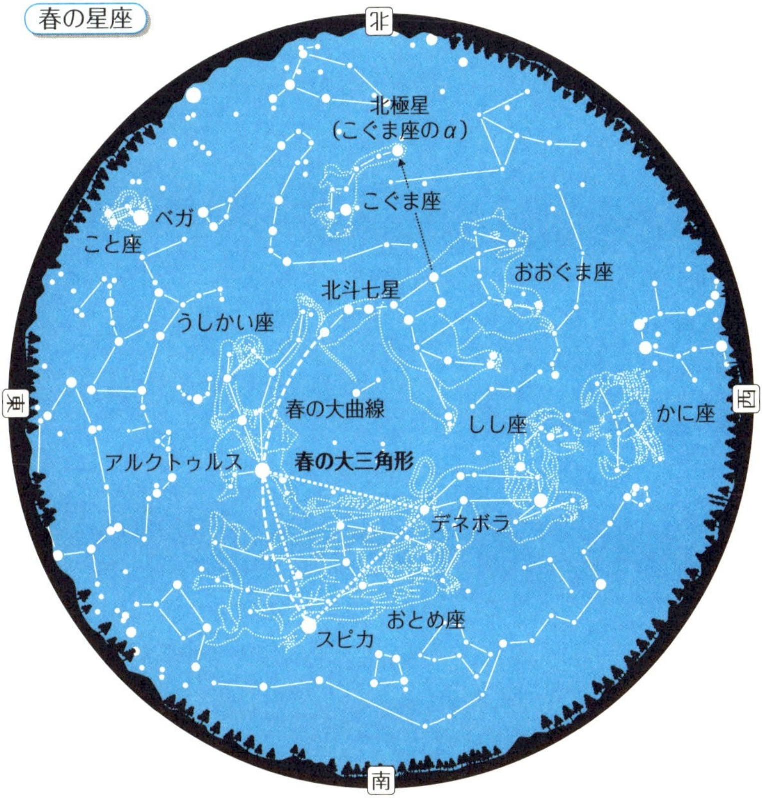

3 春の星座 おおぐま座とこぐま座の神話

まず、前項で話した北斗七星を含む「**おおぐま座**」と、北極星を含む「**こぐま座**」の話からはじめましょう。

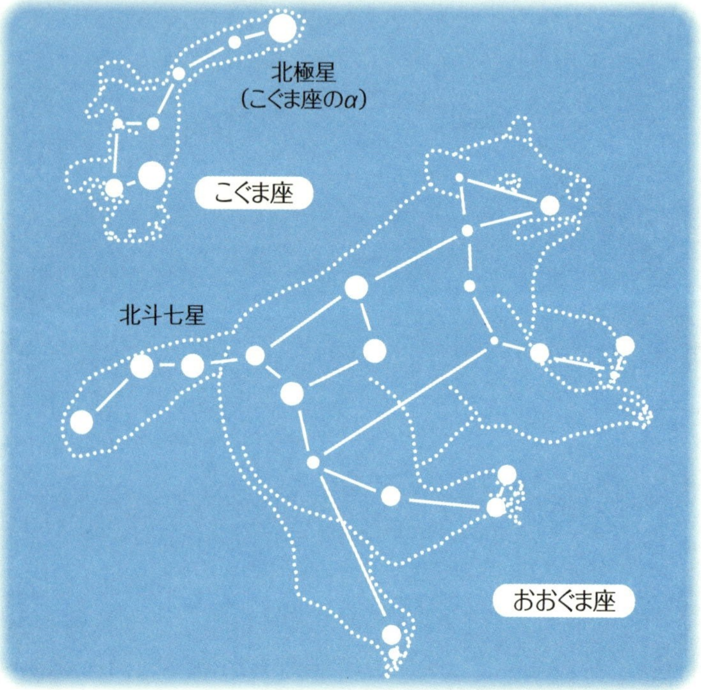

おおぐま座では北斗七星が、こぐま座では北極星が尻尾の役割をはたしています。

おおぐま座とこぐま座には、次のようなギリシャ神話があります。

【登場人物】
ゼウス――ギリシャ神話に登場する神々の王
ヘーラー――ギリシャ神話に登場する女神で、ゼウスの妻
アルテミス―ゼウスの娘。狩猟・純潔の女神
カリスト――アルテミスに仕えるニンフ（自然界の妖精）
アルカス――ゼウスとカリストとの間に生まれた男の子

「英雄色を好む」といいますが、ゼウスはカリストのあまりの美しさにひかれて、子アルカスが生まれます。

それに怒った純潔の女神であるアルテミスや、嫉妬《しっと》に狂ったゼウスの妻ヘーラーの呪いの言葉により、カリストは大きな熊に変えられてしまうのです。

ある日、狩人《かりうど》として立派に成長したアルカスは、森で大きな熊（実は母親のカリスト）に出会います。カリストは実の息子アルカスに駆け寄りますが、もちろん、アルカスには母親ということはわからず、弓でその大きな熊を射ようとするのです。

それを見たゼウスは、二人を哀れみ、つむじ風を巻き起こして、母子を天に舞い上げ、母親をおおぐま座、息子をこぐま座にしたということです。

この話を考えると、ゼウスの勝手な行動や女性の嫉妬深さを思います。

そして、今も２頭の熊たちは寄り添いながら夜空に浮かんでいるのです。

4 春の星座 しし座の神話

次は、「しし座」について話しましょう。

これも前に書いた「春の大三角形」の１つの角を作っている「デネボラ」が尻尾《しっぽ》になっています。

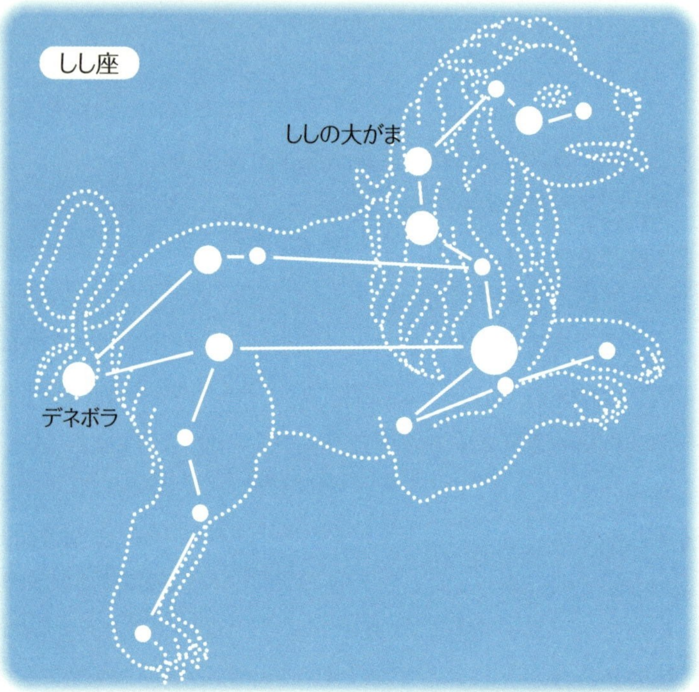

しし座は、**占星術**（**7/23 ～ 8/22生まれ**）にも登場する**12星座**の１つです。

しし座には、次のようなギリシャ神話があります。

【登場人物】

アルクメネ――ヘラクレスの母(ペリウスの子)
ゼウス――ギリシャ神話に登場する神々の王
ヘーラー――ギリシャ神話に登場する女神で、ゼウスの妻
エウリュステウス―ペルセウスの子孫
ヘラクレス――ギリシャ神話の英雄(ゼウスの子にあたる)

これもまた、ゼウスの子(アルクメネをだまして産ませた)の物語です。その子の名前はヘラクレスです。

ゼウスの妻ヘーラーは、ペルセウスの子孫はアルゴス(ギリシャの重要な要塞)の支配者となるとして、エウリュステウスをその子孫と認め、そのエウリュステウスはことあるごとにヘラクレスに難題を押しつけます。

その1つが、ネメアの森の人食いライオン(獅子《しし》)退治でした。

力に自信があるヘラクレスにあっては人食いライオンも敵ではありません。力まかせにライオンの首を絞め皮をはぎとり、頭にかぶったそうです。

そのときに絞殺されたライオンが「しし座」となったのです。

ここでも、騒ぎの元はゼウスにあり、その妻ヘーラーの嫉妬により可愛がり増長したエウリュステウスがヘラクレスに難題を押しつけるのです。

なお、しし座の中で、頭からたて髪の部分は「**ししの大がま**」と呼ばれています。

5 春の星座　かに座の神話

次は、「**かに座**」について話しましょう。

かに座も占星術（**6/22～7/22生まれ**）の対象となっています。

かに座は、前項で話した「しし座」の西に見えます。この星座における注目は、何といっても甲羅《こうら》の部分にあたる「**プレセペ星団**」でしょう。星団というぐらいですから、星がたくさん集まってできています。

このプレセペ星団は、ギリシャ時代にすでに観察記録があるように、肉眼でも星の集まりであることがわかります。じっくり見てください。

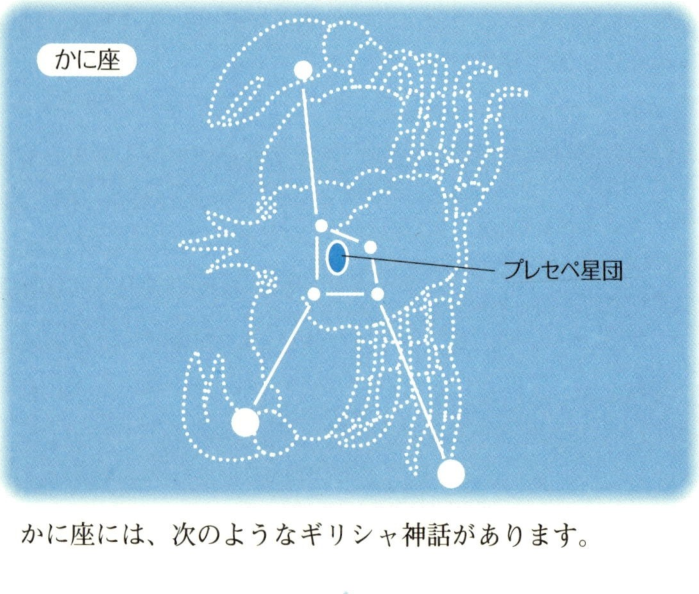

かに座には、次のようなギリシャ神話があります。

【登場人物】
ヘラクレス―ギリシャ神話の英雄（ゼウスの子）
ヒュドラー―頭が９つもある水蛇
ヘーラー――ギリシャ神話に登場する女神で、ゼウスの妻。ヘラクレスを嫌っている

前項にも登場したヘラクレスは、ヒュドラーを退治しようと出かけた際、ヒュドラーに味方したカニを踏みつぶしました。ところが、ヘーラーという女神は貞節を重んじ、ヘラクレスを嫌っていたのです。そこで、彼女はこのカニをねぎらって星座にしたという話です。

ところで、この話に登場するヒュドラーという水蛇は、１つの頭を切り落としてもそこから２つの首が生えてくるというもので、ヘラクレスも苦戦しています。

日本の神話にも、八岐大蛇（ヤマタノオロチ）という８つの頭と８つの尾をもった大蛇が登場しますが、どこでも同じような話があるものです。

ギリシャ神話もオペラも吉本新喜劇も、みな同じ題材を扱っています。

これは驚くべきことで、人間は一体ギリシャ時代から進歩してきたのかと考え込んでしまいます。

6 春の星座 おとめ座の神話

次は、「おとめ座」について話しましょう。

おとめ座も占星術(8/23～9/22生まれ)の対象となっています。

おとめ座は、春の大曲線の項で話した「スピカ」が、おとめの持つ麦の穂のあたりにある星座です。

そして、これも春の大曲線の項で話した「アルクトゥルス」がおとめ座の右足の北の方にあります。ただ、おとめ座にはあまり明るい星がないので、見えにくいかもしれません。

おとめ座には、次のようなギリシャ神話があります。

【登場人物】

ゼウス――ギリシャ神話に登場する神々の王

デーメテール―ゼウスの姉といういい伝えもある、穀物の栽培を人間に教えたとされる女神

ペルセポネー―ゼウスとデーメテールの間に生まれた女の子

プルトーン――冥土《めいど》の神

デーメテールには、ゼウスとの間にペルセポネーという女の子がいました。ある日、草を摘んでいたペルセポネーがある花を引っこ抜くと、冥土の神プルトーンが出てきて彼女をさらっていきました。そのことを悲しんだデーメテールはペルセポネーを探しまわりましたが､誰も口を開こうとはしませんでした。

真相を知ったデーメテールは、穀物から芽が出ないようにしてしまいました。困ったゼウスは、プルトーンにペルセポネーの返還を求めました。しかし、すでにペルセポネーは冥土のザクロの実を少し(4粒といわれています)食べていたのです。これを食べると、食べた期間、つまり4カ月間は冥土に留まらなくてはならないのです。そこでその期間だけ穀物が実らない冬になりました。

この話は、季節が生まれたことを示しています。

なお、おとめ座にあるM104(ソンブレロ銀河)はおもしろい形をしていますので、ぜひ望遠鏡で見てください。お勧めします。

7 夏の星座　夏の大三角形を探す

夏になると、南の地平線から頭上にいたるまで「**天の川**」が続いて見えるようになります。

本当に夜空に川が流れているように見えるのです。「天の川」とはよくいったものだと、感心してしまいます。

その天の川の川沿いに、ひときわ明るい星が見えます。これが「**こと座**」の「**ベガ**」です。おり姫の星（織女星）といったほうがいいでしょうか。それから「**はくちょう座**」の「**デネブ**」、「**わし座**」の「**アルタイル**」の３つ（３つとも１等星）で三角形を形作っています。これを「**夏の大三角形**」といいます。

わし座のアルタイルはひこ星（牽牛《けんぎゅう》星）といったほうがいいでしょうか。

おり姫とひこ星が出たところで、「**七夕**《たなばた》」についてもおさらいをしておきましょう。

１年に一度、七夕に二人が出会うことができるというのは、もともと中国から伝来した仏教に由来するものだと思われます。

二人は働き者でしたが、結婚生活が楽しく、ともに怠け者になってしまいます。そこで、天帝は怒って二人を引き裂き、七夕にだけ会うことを許したのです。

夜空を眺めてこのようなことを考えつくとは、発想が非常に豊かですね。

もう１つわかりやすいのが、南の空に見える赤い星、「**アン**

タレス」です。アンタレスはちょうど「**さそり座**」の真ん中にあります。さそり座については後でも話しますが、夏の星座の中ではもっとも見分けやすい星座だといえるでしょう。何といっても、そのS状をかたどったつながりがわかりやすいのです。

夏の星座

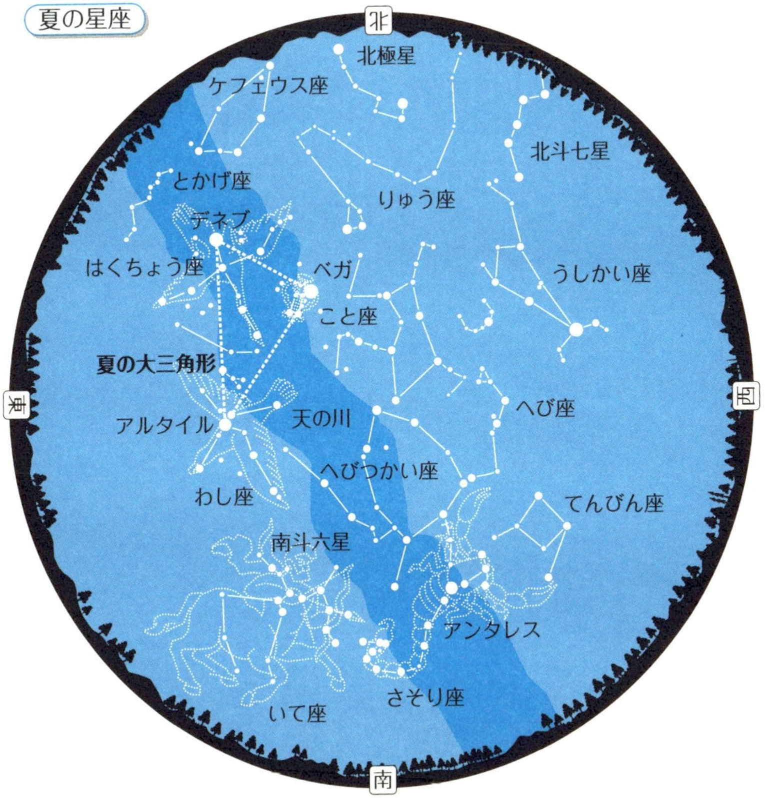

8 夏の星座 さそり座の神話

まず、「さそり座」について話しましょう。さそり座は、前の項でもいいましたように、不気味に赤く光っている「アンタレス」を中心とした、わかりやすい星座です。

なお、さそり座は占星術（10/24 ～ 11/21生まれ）の中にも登場するポピュラーな星座です。

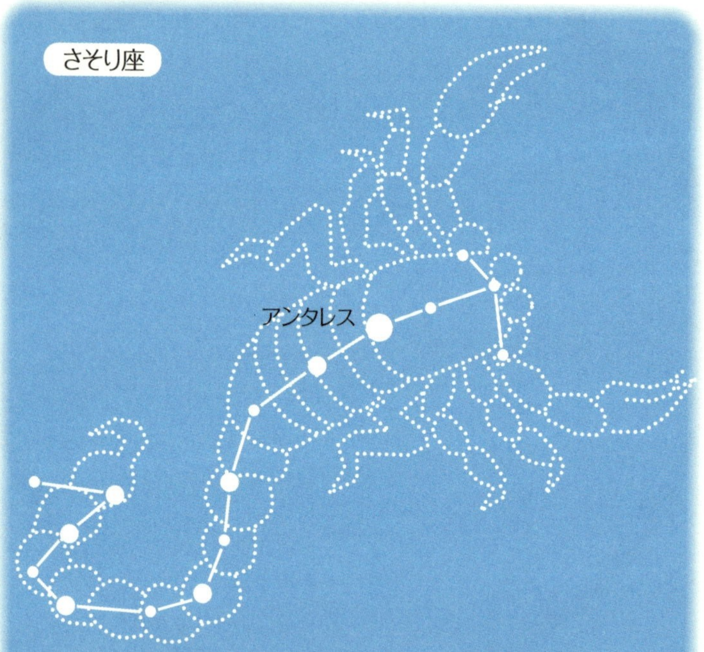

さそり座には、次のようなギリシャ神話があります。

【登場人物】
オリオン――ギリシャ神話に登場するギリシャで一番の狩人
アルテミス―ゼウスの娘。狩猟・純潔の女神
アポローン―ゼウスの息子でアルテミスとは双子

神話では、オリオンとアルテミスは愛し合うようになり、いっしょに暮らしはじめます。しかし、アポローンはこれを許さず、オリオンにさそりを放ち、驚いたオリオンは海に逃げます。そして頭だけを出して海を歩いているオリオンを指差したアポローンは、「アルテミスよ。君がどんなに弓の名手でも、あれ(頭だけを出しているオリオン)は射ぬけまい」と罠をかけ、その挑発にのったアルテミスがオリオンとは気づかず弓でオリオンを射抜き、オリオンが死んでしまうことになっています。

また、さそり座には星座との関係から見た別の神話もあり、それによるとオリオンはアポローンの放ったサソリに刺され、その毒により死亡したことになっています。

したがって、さそり座と「**オリオン座**(これは冬の星座の項で紹介します)」が同じ天空にいることはありません。

オリオン座は、さそり座が出てくる頃に西の空に沈み、さそり座が西の空に沈む頃、東の空から上がってくるというようになっています。

なお、さそり座の隣には「**てんびん座**」がありますが、これはもともと、さそり座のハサミの部分であったとされています。

9 夏の星座　いて座の神話

次に「**いて座**」について話していきましょう。いて座は前の項の「さそり座」の東に位置しています。いて座は「**射手座**」と書き、上半身が人間、下半身が馬というケイローンが弓を射る形をしています。いて座も占星術（**11/22～12/21生まれ**）の対象となっています。

みなさんは、「**南斗六星**」というのをご存じですか。「北斗七星」は有名ですが、こちらはあまり知られていません。いて座は、この南斗六星が中心となっています。

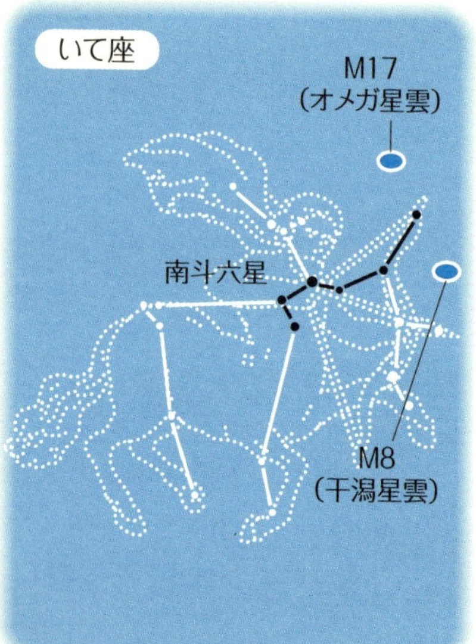

いて座には、次のようなギリシャ神話があります。

【登場人物】

ケイローン――上半身が人間、下半身が馬の姿をした勇敢な教育者で、弓矢の名手

ヘラクレス――ギリシャ神話の英雄（ゼウスの子）

プロメテウス―ギリシャの神（ゼウスの怒りをかい、それをヘラクレスが救ったといわれている）

ゼウス――ギリシャ神話に登場する神々の王

ある日、ヘラクレスが怪物を追いかけていたとき、放った矢がケイローンに刺さりました。その矢にはヒュドラー（かに座の項で登場した頭が９つもある水蛇です）の毒が塗られていたのです。ケイローンは不死身なのですが、あまりの痛さにもがき苦しんだといいます（死ぬことができないのですからね）。そこでケイローンは、不死身であることをプロメテウスに譲り、ようやく死ぬことができました。

ゼウスは、ケイローンの死を惜しみ、彼を天に上げ、星座としたのです。それがいて座というわけです。

いて座には星雲が多くありますが、特に**M8**（**干潟星雲**《ひがたせいうん》）や**M17**（**オメガ星雲**）は、ぜひ望遠鏡で観察してください。

いて座は、天の川の中心に位置するといってもいいでしょう。また、私たちが属している銀河系の中心は、いて座の弓の先にあたると考えられています。

10 夏の星座　こと座とわし座の神話

この項では、「夏の大三角形」を作る「ベガ（おり姫）」を中心とした「こと座」、「アルタイル（ひこ星）」を中心とした「わし座」の話をしましょう。

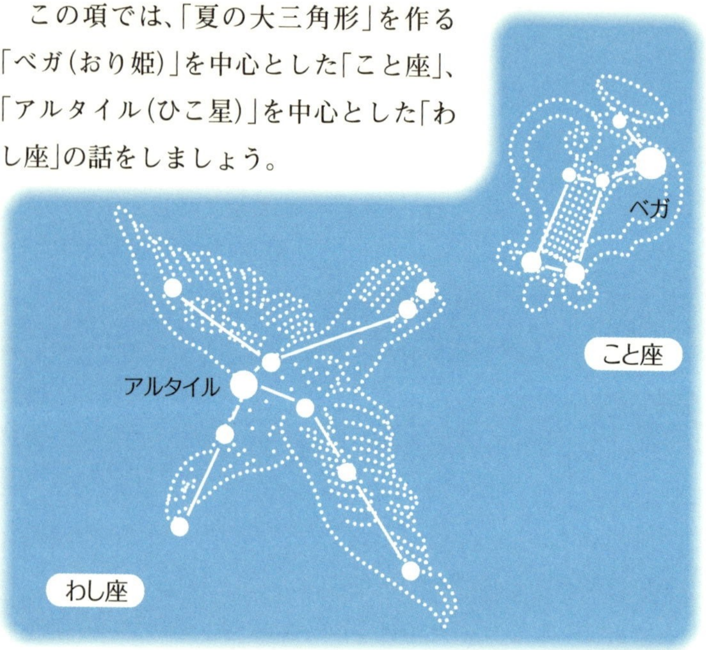

おり姫、ひこ星の話はすでにしましたので、ここでは省略します。

わし座には、次のようなギリシャ神話があります。

【登場人物】

ゼウス――ギリシャ神話に登場する神々の王

ガニューメデス―ギリシャ神話に登場する美少年

話は簡単で、ゼウスが目をかけた美しいガニューメデスをさらったのが「鷲《わし》」だとされているのです。

ゼウスは、神話の中とはいえ、話を面白くしてくれますよ。

なお、この「鷲」の正体については諸説があり、ゼウス自身だったとするものもあります。

こと座には、次のようなギリシャ神話があります。

【登場人物】

オルフェウス――ギリシャ神話に登場する竪琴《たてごと》の名手

エウリディケー―毒蛇に噛まれて死んだオルフェウスの妻

ハーデス――――冥界《めいかい》の神

オルフェウスは、亡くなった妻エウリディケーが忘れられず、冥界(あの世)まで探しにいきます。そして、冥界の神であるハーデスに竪琴を弾き、その美しい音色に感動したハーデスは「あの世の出口まで振り向かないならば、エウリディケーを帰してやろう」ということになります。

喜んだオルフェウスは帰途につきますが、後ろが気になりつい振り返ってしまいます。それで、エウリディケーを連れ戻すことはできませんでした。こと座の「琴」は、このオルフェウスの琴です。

ちなみに、日本の神話がたくさんおさめられている『古事記』にも、こと座の神話に似た話があります。

11 夏の星座 はくちょう座の神話

この項では、前項に引き続き夏の大三角形の中のもう１つの星、「デネブ」を中心とした「はくちょう座」の話をしましょう。

デネブを尾の部分とすると、きれいな十字の形になるはくちょう座は、比較的見つけやすい星座だといえるでしょう。

この十字の形は、南半球の「**南十字星**」に対して「**北十字星**」と呼ばれています。

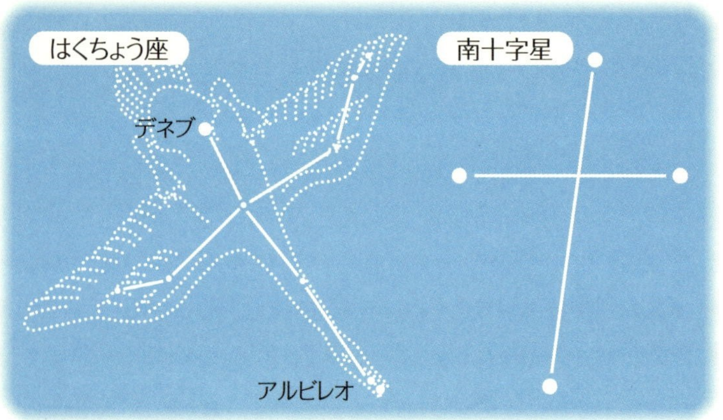

はくちょう座には、ギリシャ神話がいくつかあります。ここではそのうち有名な２つを紹介しましょう。

～神話1～【登場人物】

白鳥―実はゼウスが姿を変えたもの

レダ―スパルタの王妃

ゼウスはスパルタの王妃であるレダに恋をし、会いにいくために「白鳥」に姿を変えたといわれています。

この話には後日談がありまして、レダはその後2つの卵を産みます。1つは冬の星座の項で話します「**ふたご座**」の双子となり、もう1つも、やはり双子（一人はトロイ戦争の原因となりました）が生まれています。

～神話2～【登場人物】

バエトーン―太陽神であるアポロンの子

キュクノス―バエトーンの親友

バエトーンは友人にからかわれたことも手伝って、勝手に父アポロンの太陽の馬車に乗り、誤ってエリダヌス川に落ちて死んでしまいます。バエトーンの親友であるキュクノスが川に入ってバエトーンを探すのですが、これを哀れんだアポロンは、キュクノスを「白鳥」にして天に上げたというものです。

勝手にアポロンの太陽の馬車に乗ったことに怒って川に落としたのは、いつも登場する「ゼウス」だったとされています。

はくちょう座の頭の部分にあたるところに「**アルビレオ**」という星がありますが、これは二重星だということがわかっています。二重星とは、星が近接して見えているということだと思ってください。

12 秋の星座 秋の大四辺形を探す

秋の星座は見つけにくいと思われがちですが、まず、頭上にある「**秋の大四辺形**」を探してください。「**マルカブ**」、「**シェアト**」、「**アルゲニブ**」および「**アルフェラッツ**」の４つの星を結んだものです。このうち、マルカブ、シェアト、アルゲニブは、「**ペガスス座**」を作っているので、「**ペガススの大四辺形**」とも呼びます。なお、アルフェラッツは、「**アンドロメダ座**」に属しています。

この大四辺形は、ギリシャ神話では、神々が地上を覗く窓だとされています。

また、みなさんが聞いたことがある星の連なりに「**カシオペア**（古代エチオピアの王妃の名前）**座**」というのがあるでしょう。そう、あのWの形をした星の連なりです。これは、ペガススの大四辺形の北に位置しています。

北極星の探し方としてもっともポピュラーなのは北斗七星から探すものでしたが、秋は北斗七星が見えにくいので、カシオペア座から探すとよいでしょう。

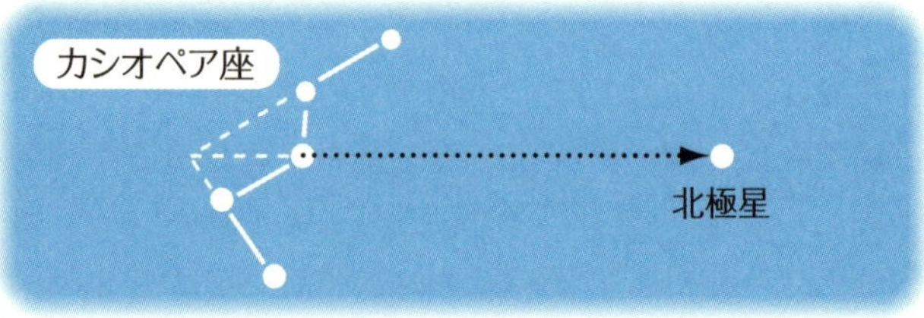

このカシオペア座については後で話しましょう。また、秋に見える星座には、みなさんがよく名前を聞く「**やぎ座**」や「**みずがめ座**」、アンドロメダ座などがあります。

秋の星座にまつわる神話の数々は、次の項から話をすることにしましょう。

秋の星座

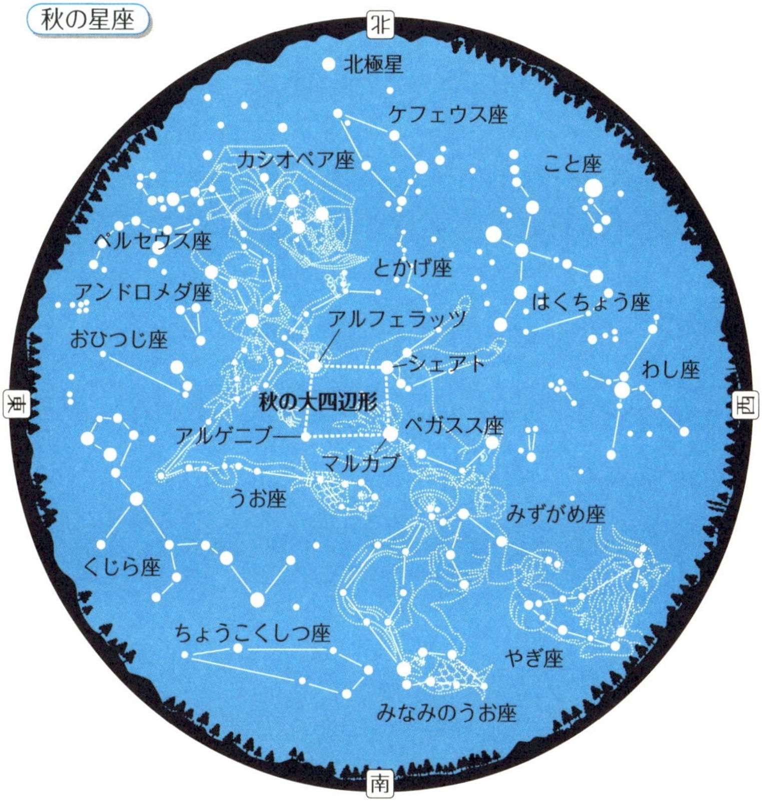

13 秋の星座　カシオペア座の神話

まず、前項でも話題にした「カシオペア座」について話したいと思います。

カシオペア座は、北極星を探すのに役立っていることは前項でも話しましたが、それはカシオペア座が北極星を中心に夜空をまわっていることを意味します。北極星は動きませんから、他の星もカシオペア座と同様に北極星の周りをまわっているのですが、特にカシオペア座と前に話した「北斗七星」には強くそのことを感じます。

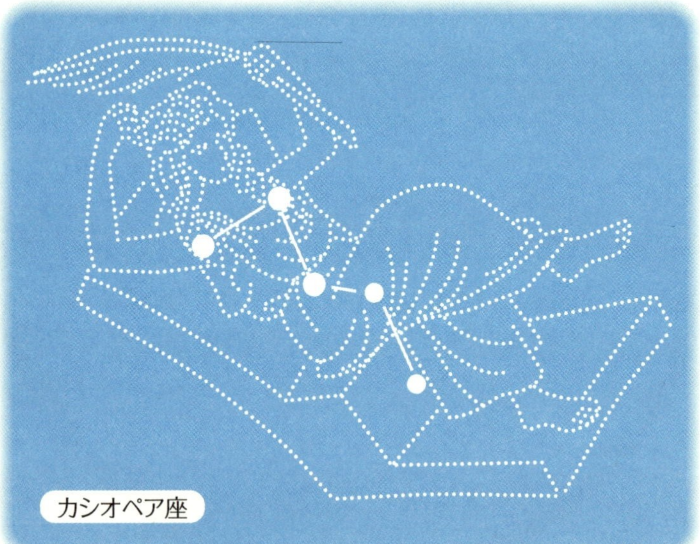

カシオペア座には、次のようなギリシャ神話があります。

【登場人物】

カシオペア——古代エチオピアの王妃

アンドロメダ—カシオペアの娘

海の妖精たち

ポセイドン——海神

カシオペア王妃はどうも自慢好きだったようで、自分や娘アンドロメダが海の妖精よりも美しいと自慢したため、海神であるポセイドンの怒りにふれてしまいます。その怒りをおさめるために、娘アンドロメダをクジラの怪物のいけにえにささげるのですが、アンドロメダは勇者ペルセウスに助けられるのです。

カシオペア座は北極星の周りをまわっているという話はしました。つまり、逆さまになることもあるわけです。それは、いまだにポセイドンの怒りがおさまらず、椅子に縛りつけられて、一日1回は逆さ吊りのような状態になっているからだといわれています。さらに、休息は許されず、常に天空にあるとされています。だから、カシオペア座は北半球の大部分において、地平線に沈むことはありません。

あまり自慢するのもなぁと思いますが、もう許してやってもいいのではないでしょうか。

ところで、カシオペア座には、1572年にマイナス4等星が出現したという記録が残っています。これは「**ティコの星**」と呼ばれていますが、星が大爆発を起こしたのでしょう。

14 秋の星座 やぎ座とうお座の神話

この項では、秋の星座の項で触れた「やぎ座」について話しましょう。みなさんも知っているように、やぎ座は占星術（12/22〜1/19生まれ）の対象となっています。

やぎ座は南西の方角に見える星座ですが、通常私たちが知っている山羊《やぎ》の形ではなく、頭は山羊、尻尾は魚のようになっています。

やぎ座には、次のようなギリシャ神話があります。

【登場人物】

アイギバーン―羊飼いと羊の群れを監視するギリシャ神話に登場する神。ヤギのバーンとも呼ばれている

テュフォン――とてつもなく大きな怪物(伸びあがると天空に頭をぶつけるほど)。最後はゼウスに滅ぼされる

神々がナイル川のほとりで盛大な酒盛りをしているところに、テュフォンが現れました。驚いた神々は魚となってナイル川に逃げたのですが、アイギバーンは驚きすぎ、頭は山羊のままで尻尾だけが魚の姿で逃げたのです。ゼウスはそれを面白がり、天にのぼらせ、やぎ座としたということです。

ついでに、「うお座」についてお話ししておきましょう。占星術(**2/19〜3/20生まれ**)の対象にもなっているうお座は、ペガススの大四辺形のすぐ南に位置する星座です。

うお座には、次のようなギリシャ神話があります。

【登場人物】

アフロディーテ―美の女神

エロス――――アフロディーテの息子

やぎ座の話の中に登場する逃げた神々のうち二人は、アフロディーテとその息子エロスだったといわれ、その二人も魚となったのですが、それがうお座になったとされています。二人は離れないように、お互いをひもでしばったという話もあります。

15 秋の星座 みずがめ座の神話

この項では、「みずがめ座」について話しましょう。

前に話した「やぎ座」は尻尾が魚のようになっていました。ここから、やぎ座の近くには水にかかわる星座が多いとされていますが、ここで扱うみずがめ座もその１つです。なお、みずがめ座も占星術（**1/20 ～ 2/18生まれ**）の対象となっています。

位置としては、やぎ座の少し北にあります。

ただ、みずがめ座には明るい星がないので、探しにくいと思いますが、すぐ南に「**みなみのうお座**」の「**フォーマルハウト**」という１等星がありますので、そこから探すのがいいでしょう。

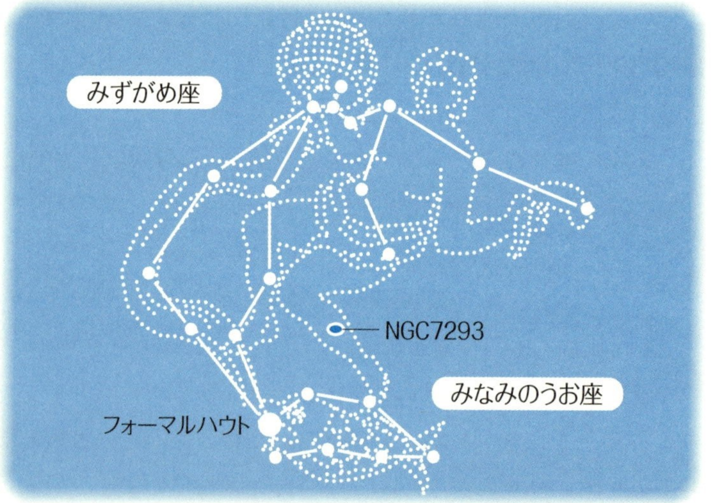

みずがめ座には、次のようなギリシャ神話があります。

【登場人物】
ガニューメデス―わし座の項で登場した、ゼウスが目をかけた美少年
ゼウス――――ギリシャ神話に登場する神々の王

話はわし座の項で話したものと同じです。つまり、鷲(ゼウスが変身したものとする説があります)がガニューメデスをさらったという話です。

ゼウスがガニューメデスをさらった理由についてはさまざまな説があります。その中で有力なのは次のようなものです。すなわち、オリンポスの山々で神々の酒宴が開かれているわけですが、そこでお酌をする役目の人が不足していたというのです。

みずがめ座の瓶《かめ》を持つ少年は、このガニューメデスだといわれています。

さて、みずがめ座の中には、**NGC7293**という**惑星状星雲**があります。大きな望遠鏡でないとわかりませんが、太陽系が消滅するときにはこのような姿になるものと思われます。

なお、今いったみなみのうお座ですが、これについては、前項で話した「うお座」の話と同様の話が残っています。

16 秋の星座 アンドロメダ座とペガスス座の神話

秋の星座の項で最初に話しました「アンドロメダ座」について、いっておかなければなりません。

この星座は「ペガススの大四辺形」のすぐそばにあります。アンドロメダ座においては、**M31星雲（アンドロメダ星雲）**が有名です。アンドロメダ星雲は、私たちの銀河系の外にある銀河系のうち、もっとも近くにあります。そこまでの距離は約230万光年とされています。

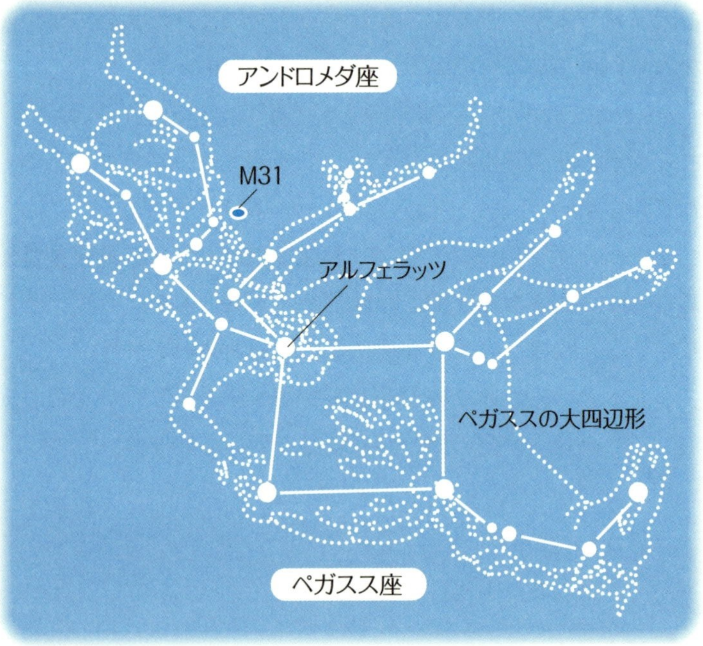

アンドロメダ座のギリシャ神話については、すでにカシオペア座の項で話しました。それでは、アンドロメダが勇者ペルセウスに助けられたところから話を続けましょう。

これを話すと、「ペガスス座」についても話をすることになります。ペガスス座は、胴体がペガススの大四辺形により成り立っている、天馬の形をした星座です。

ペガスス座には、次のような神話があります。

【登場人物】

ペルセウス—アンドロメダを救った勇士でメドゥーサも退治している

ペガスス——銀色の翼をもっている天馬（メドゥーサの子であるという話もある）

アンドロメダを危機一髪のところで助けたペルセウスが乗っていたのが、天馬ペガススです。ペガススは、ペルセウスがメドゥーサ（髪の毛が無数の毒蛇ででき、見た者を石に変えるという魔力をもった女王）の首を切り落としたときに現れたとされています。ペガススはその後、ギリシャ神話の英雄ベレロフォンとともに、キメーラ（ライオンの頭、山羊の胴、蛇の尾をもち、口から火をはくという怪物）を退治することになりますが、ベレロフォンが慢心し、ペガススと天界にかけのぼろうとしたのを見たゼウスが怒り、ペガススがベレロフォンを振り落とすように仕向け、ペガススだけがそのまま天界にのぼり、星座になったのです。

17 冬の星座 冬の大三角形を探す

冬は、１年のうちでもっとも空気の澄みきった季節です。それだけに夜空も美しく、星々が輝いています。

冬は、星座ウォッチングに適した季節といえるでしょう。

冬の星座を見つけるには、何といっても最初に「**冬の大三角形**」を見つけることが必要です。

冬の大三角形というのは、「**オリオン座**」の「**ベテルギウス**」、「**こいぬ座**」の「**プロキオン**」、そして、太陽を除いて全天で一番明るい恒星（自分で光を出している星のことです）である「**おおいぬ座**」の「**シリウス**」の３つを結んだ大きな三角形です。

三角形といっても、南の空では逆三角形として見えることに注意してください。

シリウスは聞いたことがありますか。この星はマイナス1.5等星で非常に明るいので、すぐわかると思います。

また、私が全天でもっとも好きな星であるベテルギウスは赤い色をしているので、わかりやすいと思います。このベテルギウスは１等星です。

また、白い輝きをもつ１等星であるプロキオンもすぐ見つかることでしょう。

冬の星座は、今いったオリオン座、こいぬ座、おおいぬ座が有名ですが、ほかに「**おうし座**」や「**ふたご座**」などもあります。

小さな望遠鏡でも持って、星座をめぐってみましょう。日常の嫌なことなど、宇宙のかなたに飛んでいってしまうかもしれませんよ。

冬の星座

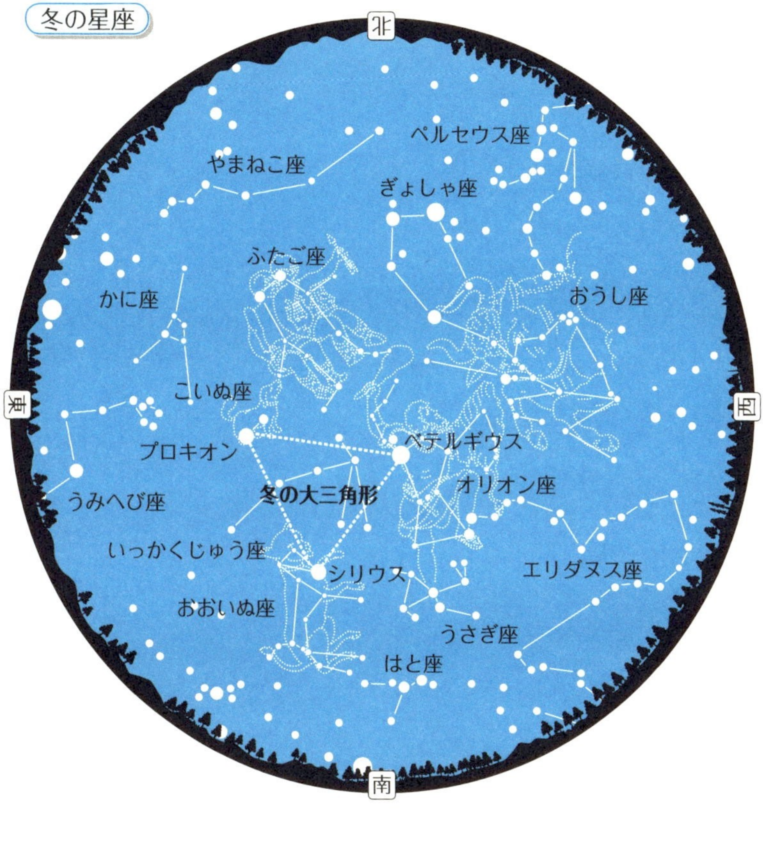

18 冬の星座 オリオン座の神話

まずはじめに、たぶんみなさんがもっともよく知っていると思われる「オリオン座」から話をはじめましょう。

オリオン座は、真ん中に３つの星が光っていて、それらを中心に台形を２つ重ねたような形をしています。

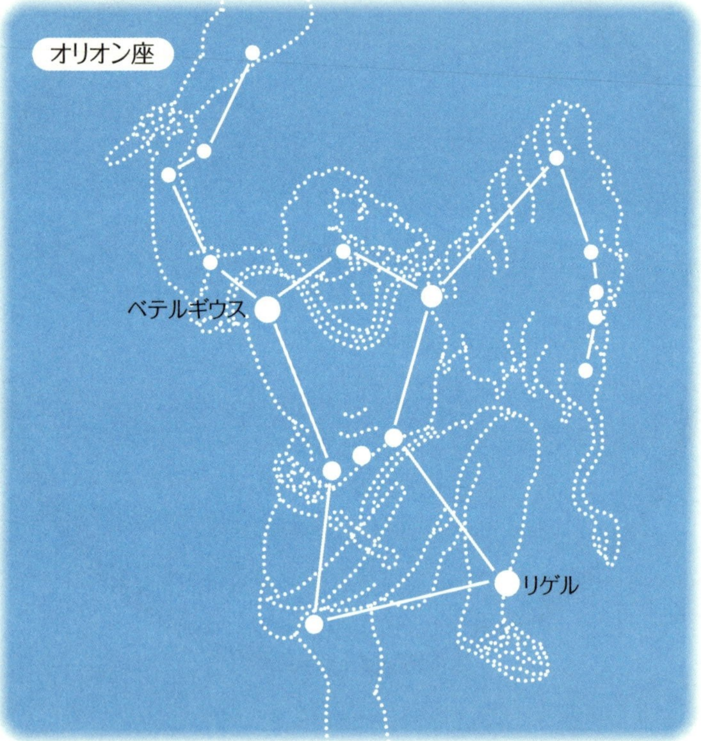

オリオン座には、次のようなギリシャ神話があります。

【登場人物】

オリオン——狩人。ギリシャ神話に登場するオリオンは嫌われ者だったようである

アルミテス—ゼウスの娘で狩猟・純潔の女神。のちに月の精になる

アポローン—ゼウスの息子でアルテミスとは双子

オリオンとアルテミスの話は、夏の星座の「さそり座」の項で、すでに話しました。オリオンが星座となったのは、アルテミスが悲しんで父ゼウスにお願いをしたためです。そのお願いとは、「いつでもオリオンに会えるように彼を天に上げ、自分を月の精にして、そこを通るようにしてほしい」というものです。今でも、オリオン座のすぐ近くを月が通っていきます。オリオン座の近くに大きな月を見かけたら、この物語を思い出してください。

オリオン座の右肩の部分に、前項でいったベテルギウスがあります。この星は太陽の1000倍はある大きな星で、もうすぐ爆発するといわれています。太陽は誕生から約50億年経過していると考えられていますが、ベテルギウスはまだ数百万年です。大きな星ほど寿命が短いのです。ベテルギウスまでの距離は約600光年ですから、今見ている光は600年前のものです。日本の歴史でいうと、南北朝時代の終わりのほうでしょうか。したがって、すでに爆発ははじまっているのかもしれません。

また、オリオン座には、左の足のところに「**リゲル**」という1等星もあり、非常に目立ちます。

19 冬の星座　おうし座の神話

この項では、占星術（4/20 ～ 5/20生まれ）の対象ともなっている「おうし座」について話しましょう。

おうし座は、前項でいった「オリオン座」の「ベテルギウス」の西に見ることができます。

おうし座は、つのを出してまるでオリオンに向かっていくように見えますが、そういう物語はありません。

おうし座の顔の部分に「**アルデバラン**」という１等星があります。これも赤く光っているので、見つけやすいと思います。

おうし座には、次のようなギリシャ神話があります。

【登場人物】

ゼウス――――ギリシャ神話に登場する神々の王

エウロペ姫―フェニキアの王女

おうし―――雪のように白い雄牛となっているが、実はゼウスの変身したもの

ある日、エウロペ姫に近づいてくる雪のように白い雄牛がいました。非常になつく様子なので、エウロペ姫は雄牛の背中に乗りました。そうすると、その雄牛は猛烈な勢いで海に入り、沖へ沖へと泳いでいったのです。もちろん、エウロペ姫は「助けて」と叫んだのですが、誰にも届きませんでした。そして、その雄牛に理由を聞くと、「私はゼウスである。そなたを嫁にしたい」といったのです。

また、ゼウスのいつもの癖が出たようです。

そして、ゼウスとエウロペ姫はギリシャのクレタ島で結婚式を挙げたのです。

エウロペから何か連想しませんか。そう、ヨーロッパです。ヨーロッパの名前の起源は、こんなギリシャ神話からきているのですね。

さきほどいった「アルデバラン」から西の方向、おうし座でいえば肩の部分に「**プレアデス星団**」がありますので、ぜひ、望遠鏡を使って見てください。すごくきれいですよ。

20 冬の星座 おおいぬ座とこいぬ座の神話

この項では、冬の星座の項で最初にいいました「おおいぬ座」と「こいぬ座」について話をしていきましょう。

おおいぬ座には「シリウス」があり、こいぬ座には「プロキオン」があります。

このシリウスとプロキオン、そして「ベテルギウス」が「冬の大三角形」を作り出していますので、場所はわかると思います。

おおいぬ座には多くの異なる物語がありますが、その中から次のようなギリシャ神話を紹介しておきましょう。

【登場人物】

ケパロス――アテネの猟師で、名犬レプラスの飼い主

レプラス――なんでも捕まえる名犬

いたずらギツネ―神により絶対捕まらない呪《まじな》いをかけられたキツネ

ゼウス――ギリシャ神話に登場する神々の王

ある日、テーバイという町に、いたずらなキツネが現れ、大きな被害が出ました。困りはてたテーバイの市民は、ケパロスから名犬レプラスを借り、キツネ退治を試みます。しかし、このキツネには神によって絶対に捕まらない呪いがかけられているので、いつまでたっても追いかけっこを繰り返します。これを見かねたゼウスは、キツネとレプラスを石に変え、犬のレプラスは天に星座として上げました。これが、おおいぬ座です。

次に、こいぬ座の物語も紹介しておきます。

【登場人物】

アルテミス――ゼウスの娘。狩猟・純潔の女神

アクタイオン―多くの犬を連れた狩人

ある日、アクタイオンは、アルテミスの水浴びを見てしまいます。怒ったアルテミスはアクタイオンを鹿に変え、猟犬は逃げました。そのうちの１匹が鹿になったアクタイオンをかみ殺してしまい、それを哀れんだアルテミスが、その猟犬をこいぬ座にしたということです。

21 冬の星座 ふたご座の神話

この項では、「ふたご座」について話をしていきましょう。ふたご座は、「冬の大三角形」の１つの星、「プロキオン」の北にあります。頭上を見上げると見えるような感じです。

前項でいいましたこいぬ座から見つけることもできますが、ふたご座には、「**ポルックス**」と「**カストル**」という明るい星がありますので、これを頼りに見つけるといいと思います。

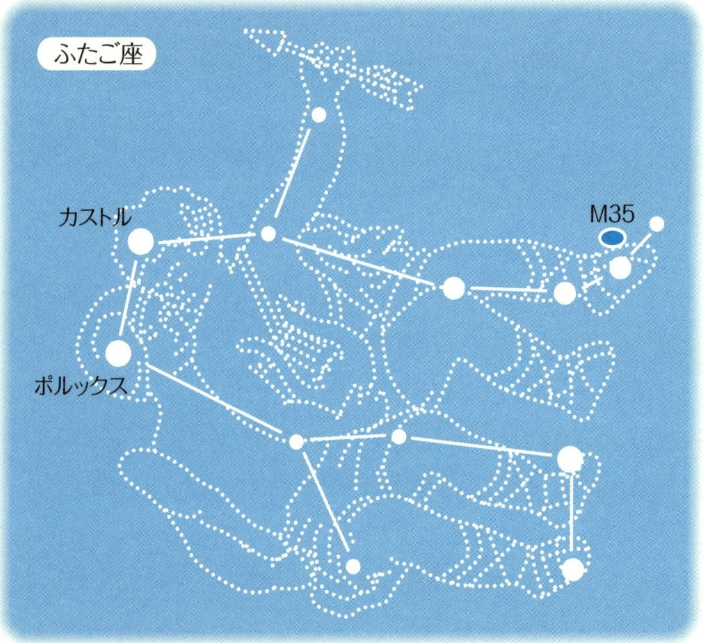

ふたご座には、次のようなギリシャ神話があります。

【登場人物】
カストル——双子の兄
ポルックス—双子の弟で、不死身の体を与えられている
イーダスとリュンケウス—カストルとポルックスの双子のいとこ

はくちょう座の項で、スパルタの王妃レダが産んだ卵のうち1つが双子だったという話はしました。父はギリシャ神話によく登場するゼウスです。

双子のうち、兄はカストルといい、弟はポルックスといいます。この兄弟は他人がうらやむほど非常に仲がよかったのです。その仲のよさをねたんだイーダスとリュンケウスは、二人に喧《けん》嘩《か》をふっかけ、結局カストルは死んでしまいます。

ポルックスはかたきを討ちますが、ポルックスは不死身のため(何故不死身かについては、さまざまな見解がありますが、ポルックスだけ神だという説があります)、あの世にいるカストルに会えません。そこで、父ゼウスに頼み、自分たちを天界に上げてもらい、なかよく星座になったというわけです。

兄の星であるカストルは白っぽく見え、弟の星であるポルックスは赤みがかって見えます。

なお、ふたご座のカストルの足もとには、「**M35星団**」がありますので、ぜひ望遠鏡で眺めてみてください。きれいですよ。

22 宇宙の誕生「ビッグバン」

忙しいときは思ってもみませんが、たまに時間があったり、寝る前や夜空を見上げる余裕のあったりするときなどに、私たちの宇宙のはじまりはどうだったんだろうと考えることはありませんか。

答えは出ないことはわかっていますが、考えれば考えるほど、深みにはまっていく問題ではあります。

さて、私たちが存在する宇宙は約140億年前に生まれたと考えられています。その理由は次のとおりです。

現在においては、遠い所にある銀河(私たちの銀河ではありません)がものすごいスピードで遠ざかっていることが発見されています。

これの時間を巻き戻すと、約140億年前に、通常では考えられないような高密度・高温の状態のものが爆発した、いわゆる「**ビッグバン**」があったと考えられるのです。

ビッグバンとは、非常に高い密度・温度の状態をいいます。また、爆発(膨張)そのものを指す言葉としても用いられます。

それから、宇宙の膨張がはじまったというわけです。

宇宙が膨張していることを発見したのは、アメリカの天文学者**エドウィン・ハッブル**です。そして、今、宇宙には、彼にちなんだ名前がつけられている「**ハッブル宇宙望遠鏡**」があります。彼は「遠い宇宙が遠ざかっていくということは、私たちもそれらの星々から遠ざかっていく、つまり、宇宙自体が膨張しているんだ(**ハッブルの法則**)」と考えたわけです。

それは1929年のことですから、まだ100年もたっていません。

ビッグバンイメージ図

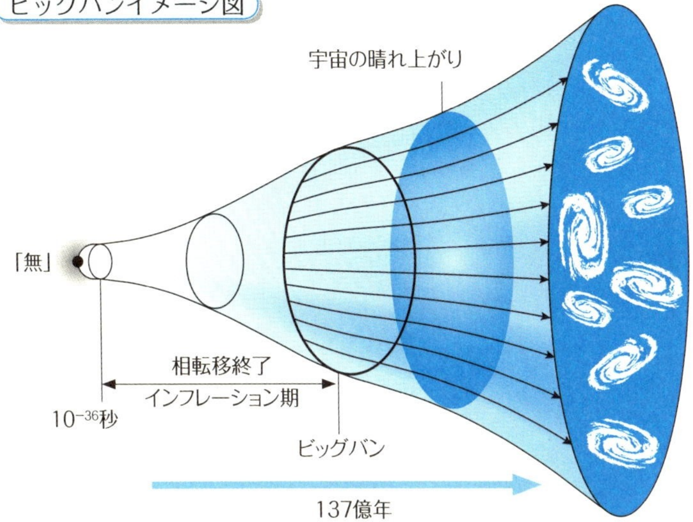

それでは、ビッグバンが起こる前は何だったのでしょうか。

それについては諸説がありますが、多くの学者は、何もなかったと考えています。何もないとはどういうことかというと、文字通り何もない、つまり「無」の状態なわけです。

もし、何かあったとしたら、その前は何だったんだろう、などと興味の対象は膨らむばかりですが、何もなかったとすると、その前はなかったということになります。

23 宇宙の果て

さて、ビッグバンの影響は未だに続いています。

つまり、宇宙は膨張し続けているのです。140億年も続いていて、これからも続くと考えられているのですから驚きですよね。

まだまだ宇宙には疑問が尽きませんが、その中でみなさんが思っている大きな疑問は、宇宙に果てはあるのか、もし、果てがあるとしたら、その向こう側はどうなっているのか、ではないでしょうか。

天文学者ハッブルのいった宇宙の膨張については、前項で話しました。そこからわかることの1つに、宇宙には中心がないということがあります。また、宇宙の果てがあるかどうかわかりませんが、果てがあってもかまわないということになります。

私たちが考えている果てと異なる概念を考えてみましょう。

物理学者**アインシュタイン**は、次のような趣旨のことをいっています。

すなわち、「東京を出発して北へ北へと進路をとれば、地球をひとまわりして、また東京の自分の位置に帰ってくる」と。

宇宙もこれと同じように、丸く膨張しているわけではないというわけです。このアインシュタインの考え方によっても、宇宙に果てがないということになります。

非常に高性能な天体望遠鏡をのぞくと、天体望遠鏡をのぞく自分の頭のうしろが見える、ということでしょうか。

また、「宇宙に終わりはあるのだろうか」という疑問も浮かんできます。

これについては、さまざまな見解がありますが、１つ有力な見解を紹介しておきましょう。

それは、いつか宇宙は滅び、また再生するというものです。

つまり、なんどもビッグバンを繰り返し、そのたびに膨張し、収縮し、再生し、を繰り返しているというのです。

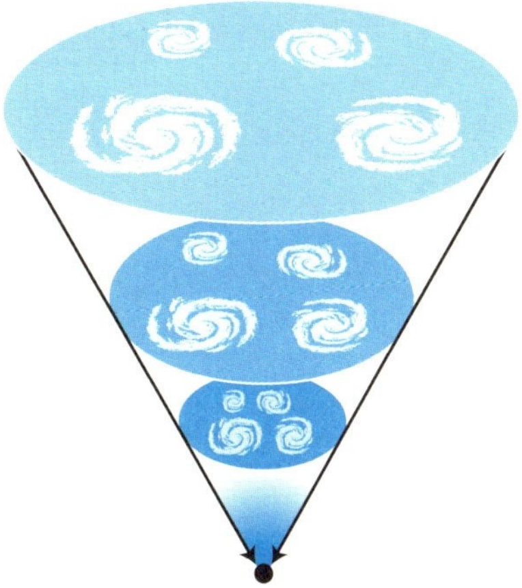

ビッグクランチ
現在考えられている宇宙の終焉のシナリオの１つ。宇宙が重力によって縮み、最後には膨張する前の大きさまでつぶれる

現在、この宇宙が何回目の宇宙なのかは正確にはわかりませんが、おおよそ50回ぐらいは繰り返していると考えられています。

現在の宇宙が誕生して140億年、これから先どこまで膨張するか見当もつかないのに、これは繰り返される「誕生→膨張→崩壊→再生」の一瞬に過ぎないとは。いやはや、恐れ入るしだいです。

24 宇宙にはほかの人類は存在するのか？

さて、宇宙を考える際、最大の謎は「私たちのような人類、人類でなくても知的生命体は、地球のほかにも存在するのだろうか」ということではないでしょうか。

昔から、火星にはタコのような生物がいるとか、さまざまな想像がされてきました。

それはともかく、宇宙を研究している人たちの間では、「**平等宇宙論**」が常識となっています。つまり、宇宙はどこも同じである、とする考え方です。

たとえば、地球にはさまざまな人種が暮らしています。肌の色も違えば風習も違います。しかし、同じホモ・サピエンスであることに異論はありません。

また、惑星を考えた場合、水星をはじめ木星や土星などさまざまなものがありますが、これらが太陽の周りをまわっている同胞であることに変わりはないのです。

だとすれば宇宙には、外見上は違うように見えていても、大きな視点から見れば変わらないものが存在していても、ちっともおかしくないことになるのです。

簡単にいえば、人類はほかの星にもきっと存在するということです。

宗教によっては、これらを認めないものもあるかもしれません。また、生命を扱う科学者の間でさえ、地球にしか、生命体は存在しないと考える人たちが多くいます。

私たちの銀河には1000億個以上の太陽のような恒星があり、それに地球のような惑星がくっついています。そして、そのような銀河が1000億個以上あるとされているのです。

今話した「平等宇宙論」によると、地球は生物を生み出した宇宙で唯一の奇跡の星ではなく、ほかにも似た星があるということです。

地球外に生命が存在することは間違いないとされていますが、その数についてはさまざまな見解があり、1000万個あるはずだとする学者もいるのです。

まだ見ぬ生命体に対する捜索は続けられています。それは電波による交信です。ただ、電波も光の速度でしか伝わりませんから、私たちが生きているうちに答えが出るかどうか、疑問ですが…。

25 とにかく星空を眺めてみよう！

もし、この本を読んで興味が湧いた人がいたら、ぜひ、天体望遠鏡を購入して、郊外に出かけることをお勧めします。

倍率の高い双眼鏡でもいいのですが、安くてもいいですから、天体望遠鏡の購入がベターだと思います。

都会でもある程度の観察はできますが、人工的な照明に満ちていては、見えるものも見えてきません。

星座の項で話したように、真の暗闇が理想ですが、そんなところがすぐ近くにはなかなかないでしょう。

ですので、近くの山の上とか、できるだけ継続して出かけられるところで、定点で観測を続けることをお勧めします。

最初は、月を見てもいいでしょう。月はいつも同じ面を地球に向けていますが、見あきることはまずありません。また、土星の環を見るのもいいでしょう。

そのうち、安い天体望遠鏡では限界があることを知るでしょう。そうすると、もっと見たいという欲求が出てきます。頑張って高い天体望遠鏡に買い替えて、もっとよく観察しましょう。最初から高い天体望遠鏡を買っていさんで出かけても、途中で飽きてしまうこともあるので、ある程度興味をもってから、高い天体望遠鏡に買い替えるのがいいでしょう。

それから、同じ興味をもつ者どうしのサークルはどこにでもありますので、それに参加することをお勧めします。ほかの人の見方が参考になりますし、何よりも共通の話題で盛り上がることができ、天体観測の孤独から解放されるかもしれません。

ただ、これにも悪いところはあります。なれあいにならないように注意してください。結局「飲み会」になる可能性もありますので。

そんな人は、天体観測を不定期に行っている団体もありますので、インターネットで探してみてください。そのような団体の中には、不定期に公開されている天文台の観測会もありますので、参加してみてください。大きな天体望遠鏡で見るチャンスです。

ますます、天文への興味は尽きないことになりそうです。

また、近くにプラネタリウムがあれば、出かけてみましょう。そしてしばし、宇宙に浸りましょう。

第2章……太陽系の惑星たち

26 地球の誕生

地球が生まれたのは、今から約46億年前です。46億年と一口にいってもあまりにも長い時間であり過ぎて、ピンとこない人が多いと思います。

人間はせいぜい100年くらいの寿命しかありません。

それでは地球の寿命はどうでしょう。

私たちの太陽ができたのが約46億年前で、太陽の寿命が約100億年と考えられています。つまり、あと50億年ほどすると、太陽は死んでしまいます。太陽は死ぬ前に大きく膨らみ地球を飲み込んでしまいます。

そうすると、地球は跡かたもなくなくなり、寿命が尽きますので、地球の寿命はあと50億年というところでしょうか。

まぁ 50億年後には人間がどうなっているのか、誰にもわかってはいませんので、深刻に考える必要もないでしょう。

それでは、今から約46億年前に太陽に何があったのでしょうか。

太陽を含め自分自身が輝いている星を「**恒星**(こうせい)」と呼び、地球のように自分自身が輝いておらず、太陽(恒星)の恩恵にあずかっている星を「**惑星**」といいます。

恒星は、宇宙のチリやガスのあるところで、長い間かけて物質が集まってできあがりました。「はい一丁あがり」というわけではなく、我々には考えもおよばない非常に長い年月をかけて輝きだしたのです。

太陽や地球のでき方として考えられている説の１つを紹介しましょう。

最初、太陽はゆっくり回転したと考えられています。そのうち徐々に回転が速くなり、後に惑星となる部分が吹き飛んでいったのです。

その飛んでいったチリ(岩石や金属等)がまた長い年月をかけて集まり、地球のような惑星ができたと考えられています。

できたての地球の姿は今のような大きさではありません。もっともっと小さかったのです。また、大気と呼ばれるものもありません。実は海もまだつくられていなかったのです。

今でいうマグマの状態だと思えばわかっていただけるでしょうか。この頃、地球を取り巻く雲から水は降り注いでいたのですが、今いったように地球自体がマグマのように高温になっていたわけですから、水は地表には届かず、途中で消えていたのです。

そのうち、地球が冷えてきます。そうすると、今いった雲からの水(雨と呼んでもいいでしょう)が地表に届くことになります。

そして、海ができあがっていったのです。海ができあがるまで1000年とかからなかったといわれています。

27 生物の誕生

地球に生物らしきものが現れたのは、地球が誕生してから約7億年後だったと考えられています。

最初の生物は、すべて単細胞生物です。

まだ、地球は二酸化炭素などに覆われ、酸素がなかったので、酸素を使わない呼吸をしていたとされています。これを難しい言葉で「**嫌気呼吸**(けんきこきゅう)」といいます。

しかし、この方法はとても非効率的だったので、そのうち、自分で酸素を作り出す呼吸方法を用いることになりました。そう、それが光合成です。光合成を行うもっとも古い生物は、約27億年前のシアノバクテリアという藻の類でした。これについては化石も発見されています。

ご存じのように、光合成は二酸化炭素と水を体内に入れ、ブドウ糖という炭水化物を作り出します。その副産物が酸素です。やがてその酸素を体内に取り入れ二酸化炭素を吐き出す呼吸をする生物が現れてきます。これを難しい言葉で「**酸素呼吸**」、または「**好気呼吸(こうきこきゅう)**」といいます。これは、現在の私たちの呼吸方法と同じ方法です。

そのうち、単細胞生物が進化して多細胞生物が現れ、非常に活発な生物同士の活動が行われるようになります。

そして、それらの酸素呼吸をする生物が生まれてから約16億年後(これについてはさまざまな見解があります)、現在の植物、動物の祖先が誕生したと考えられているのです。

地球の歴史

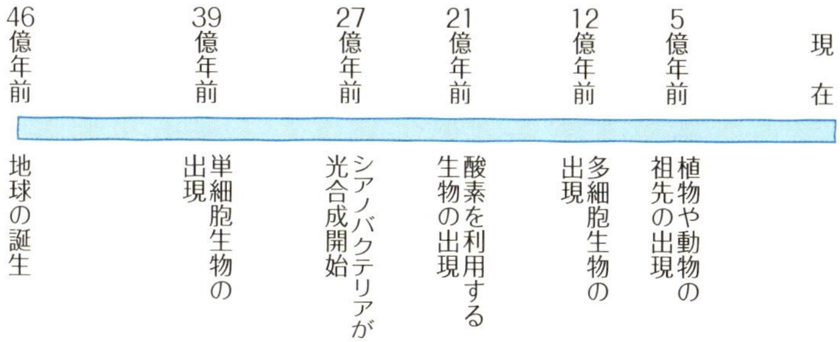

なぜ地球に生命が誕生したかについては諸説がありますが、海の存在が大きかったと思われます。海は生物を育むのにとても適していたのです。

最初の単細胞生物も海で生まれています。

「**母なる海**」という言葉がありますが、その通りなのですね。

今までの話は全て海の中で起こった出来事であり、それから何億年もの年月をかけて生物は陸に上がってきます。

なぜかというと、地表にはそれまで強烈な紫外線が直接降り注いでいたので、陸上には上がれなかったためです。しかし、酸素が海の中だけでなく陸にも出ていくと、地球にオゾン層が形成され、紫外線を防ぐようになりました。

こうして陸に上がった生物は、また多様な変化を見せることになります。

28 恐竜の絶滅と人類の登場

陸に上がった生物は、それこそ多様な変化を見せました。

その中でもっとも人気があるのは、**恐竜**でしょう。現在の分類によると、いわゆる大型の爬虫類は恐竜に入らないのですが、ここでは、こむずかしいことは抜きにして、それらを含めて恐竜ということにします。

恐竜は、約２億5000万年前に登場し、約6500万年前に絶滅したとされています。

恐竜は爬虫類から進化したものであるといわれていますが、なぜ絶滅したかについては、さまざまな見解があります。

その中で最も有名で有力なものは、巨大な隕石が地球に衝突したとする考え方です。隕石が衝突してなぜ恐竜が絶滅したかといえば、巨大隕石の衝突により粉塵が大気中に舞って、日光を遮断し、そして、急激な温度変化があったからだと考えられています。つまり、恐竜は、寒さに弱かったというわけです。

恐竜については、わからないことが多いのですが、学者の頭を悩ませているのは、その色です。よく博物図鑑などを見ると、恐竜は緑に近い色をしていますが、あれはあくまで想像に過ぎないのです。

また、恐竜には小さなもの（例えば、犬くらいの大きさ）もいましたが、地球上に現れた最大の生物といえます。特に、**アルゼンチノサウルス**は、全長が最大で45ｍあったとされていますので、現在地球上でもっとも大きな生物であるシロナガスクジラの体長約30ｍを軽く超えています。

さて、人類ですが、霊長類は約１億年前には地球上に現れたとされています。しかし、これらは現在のヒトの形ではありません。それから進化を繰り返し、現在のヒトと同類(**新人**と呼ばれています－たとえば、**クロマニョン人**)が現れたのは約20万年前と考えられています。

みなさんは、学校で**アルタミラの洞窟の壁画**を習ったと思いますが、それはいわゆるプロの絵描きによって描かれたことがわかっています。

新人は、当然**２足歩行**で**道具**や**言語**を使いました。それが、現在の私たちの直接の祖先なのです。

新人が誕生したのが約20万年前ですが、地球の46億年の歴史を１年とすれば、新人が誕生したのは12月31日午後11時37分ということになります。

私たちは新参者なわけです。

29 地球の公転と自転

地球は、太陽の周りを１年かけて１周しています。この運動を**公転**といいます。

昔は、地球の周りを太陽がまわっていると考えられていました。昔といってもそんな大昔ではありません。

コペルニクス(国籍については争いがありましたが、現在はドイツ系ポーランド人に落ち着いています)が、地球が太陽の周りをまわっている(**地動説**)といったのが1543年ですから、まだ500年も経っていません。

ただ、コペルニクス以前にも地球が動いているんだという説を唱えた人はいました。現在確認されている最古の人は、古代ギリシャの**アリスタルコス**という人(紀元前310年頃～紀元前230年頃ーこの当時にしては長生きですな)です。

ただ、この二人は、太陽が宇宙の中心でその周りを地球がまわっているとしたのです。

その後、**ガリレオ・ガリレイ**により地動説が支持されましたが、その頃は地球が宇宙の中心であり、地球は止まっていて他の星や惑星がその周りをまわっているという説(**天動説**)が支配していました。

特に、ガリレオについては、1600年代初頭、神を冒瀆《ぼうとく》するものだとして(神は天地を創造されたので)、キリスト教の裁判によって有罪とされ、自宅に軟禁状態となりました。

キリスト教が正式にガリレオの業績をたたえたのは2008年のことです。1600年代から数えて、400年くらい経っているわけです。

それでも地球が動いているということを信じようとしない人たちは現在でもいます。

私が学生の頃、日本で「地球は平らであることを確認せよ」という裁判が提起されたということを聞いたことがあります。裁判所は、法律を使って結論が出る案件を扱います。したがって、もちろん裁判で決着をつける問題ではありませんので、却下(門前払い)となりました。

さて、地球の公転スピードは秒速約30kmです。秒速でいわれてもピンとこない人がいるので、これを時速にすると、約10万8000kmです。ものすごい速さですよね。

また、**自転**、つまり地球が一回転するスピードは赤道付近で秒速約0.5km(時速1800km)です。

そして、太陽もやはり銀河の中心を秒速約30km(時速10万8000km)でまわっているのです。

松尾芭蕉の句に、「荒海や　佐渡に横たふ　天の河」という有名な俳句があります。荒海が動の象徴であれば、天の川は静の象徴として対比されているものと思いますが、実は天の川(つまり銀河)全体が猛烈なスピードで動いているわけです。

30 領空はどこまでか？

みなさんは、不思議に思われたことはないでしょうか。

よく領海侵犯とか、領空侵犯とかいうじゃないですか。

人工衛星は地球の周りをまわっていますが、領空侵犯にはならないのかと。

領海というのは、「**国連海洋法条約**」によって国際的に定められています。日本の場合は、「**領海及び接続水域に関する法律**」によって原則として海岸線から12海里（約27km）の海域と定められています。

それでは、領空はどうでしょう。領空についても条約があり、国際的に宇宙空間は領空ではないとされています。ちなみにその宇宙条約は「**月その他の天体を含む宇宙空間の探査及び利用における国家活動を律する原則に関する条約**」という長ったらしい名称のものです。

それでは、宇宙空間とは何でしょう。どこからが宇宙空間なのでしょう。宇宙空間を飛んでいる限り、どこの空を飛んでも領空侵犯にはならないのですから、そこをはっきりしてもらわないといけません。

航空機は一般的に１万2000ｍくらいまでの高さに達し、軍用機だと１万8000ｍくらいまでの高さに達するそうです。

ところで、地上１万5000ｍの大気は地上の10分の１程度ですが、ここはまだ宇宙空間とはいえないでしょう。

それでは、高度が50kmくらいではどうでしょうか。ここはいわゆる**成層圏**の上限ですが、ここはもう宇宙空間といっていいのではないかと思います。

このように、宇宙空間と領空との境は非常にあいまいです。

ただ、**国際宇宙ステーション**(ISS)は、地上約400kmのところにありますので、ここは宇宙空間であることは間違いありません。

国際宇宙ステーション

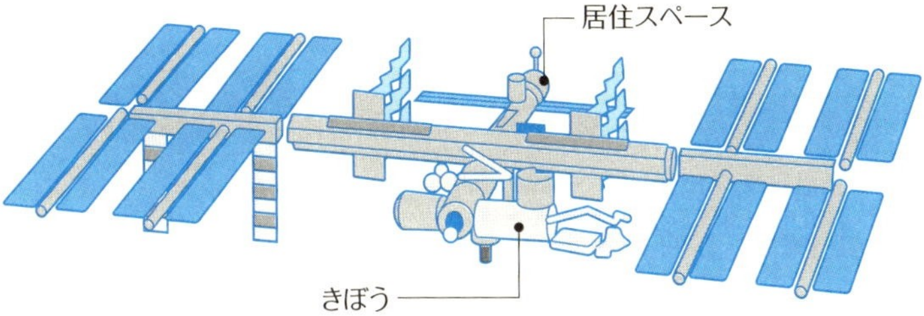

日本の実験スペースである「**きぼう**」もこの国際宇宙ステーションの一部です。

アメリカやロシアも、この国際宇宙ステーションの計画に参加しています。40年ほど前だったら考えられないアメリカとロシアの連携です。

この国際宇宙ステーションはサッカー場ほどの大きさを有し、宇宙観測やさまざまな実験を行っています。

31 国際宇宙ステーション

もう少し、国際宇宙ステーション(ISS)のことについて話をしておきましょう。

前項でサッカー場ほどの大きさだといいましたが、重さは約419 t あります。これらを組み立てるパーツの輸送は**スペースシャトル**が担当しました。

国際宇宙ステーションのある宇宙空間では、昼と夜の温度差は180℃くらいあるらしく、船外任務は非常に困難をともないます。

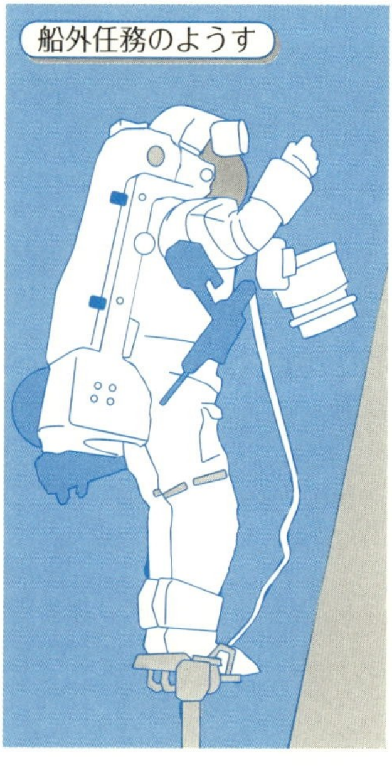

それではここで問題です。

問題 国際宇宙ステーションにとってもっとも怖いものは何でしょうか…？

答えは、宇宙空間に漂っている**人工衛星の破片**などです。

というのは、人工衛星の破片などは秒速約 8 km(時速約 2 万8800 km)で地球の周りをまわっています。それだけのスピードの破片がぶつかるということは想像もつかない衝撃だと思われるからです。

たとえば、船外任務中の宇宙服などは当然貫通するでしょうね。貫通すると当然のことながら宇宙服は破れます。宇宙服が破れると、人間が真空にさらされることになりますが、この場合は、血管が煮えたぎることになるでしょう。また、国際宇宙ステーションそのものにぶつかるおそれも大きいのです。

過去の例では、日本の軌道実験プラットフォームには100個以上の衝突の跡が確認されたそうです。

ところで、この国際宇宙ステーションは約90分で地球をひとまわりしています。

よく晴れた早朝や夕方には国際宇宙ステーションが地球から肉眼で見えます。東京でも見えるので、一度試してみることをお勧めします。

早朝出かけるときに国際宇宙ステーションを見つけてごらんなさい。

単純な私はその日１日、非常に幸せな気分で過ごすことができます。

32 国際宇宙ステーションでの生活

この項でももう少し、国際宇宙ステーション(ISS)のことについて話をしておきましょう。

国際宇宙ステーションには、最大で７人の人が住んでいます。当然、息もしているわけですから、その出される二酸化炭素の量は半端ではありません。その二酸化炭素は**生命維持システム**と呼ばれるもので処理しています。また、酸素も供給し続けなければなりません。水も必要です。人は酸素と水なしでは生きていけません。尿も出るのです。そのようなことを考えていると、地球上ではあまり問題とならないことが、宇宙では大きな問題となってのしかかってくるのです。そしてこれらはすべて、生命維持システムと呼ばれるもので処理しています。

近い将来、人間が大勢で宇宙に滞在するということが可能となった場合、もっとも問題となるのは、この点だと思われます。

エネルギーに関しては直接太陽のエネルギーを浴びているわけですから、これを使わない手はありません。

また、テレビで見たことがあると思いますが、国際宇宙ステーションの中は**無重力**です。これは、国際宇宙ステーションが地球の重力に引かれているからです。

つまり、国際宇宙ステーションは落下している状態だと考えてください。落下している状態では、人間の体などは宙に浮きます。

しかし心配は無用。前項でいったように、国際宇宙ステーションは90分で地球をまわる運動をしています。したがって、垂直に落下しているのではなく、横の運動をしていることによって地球からの距離を保っているのです。

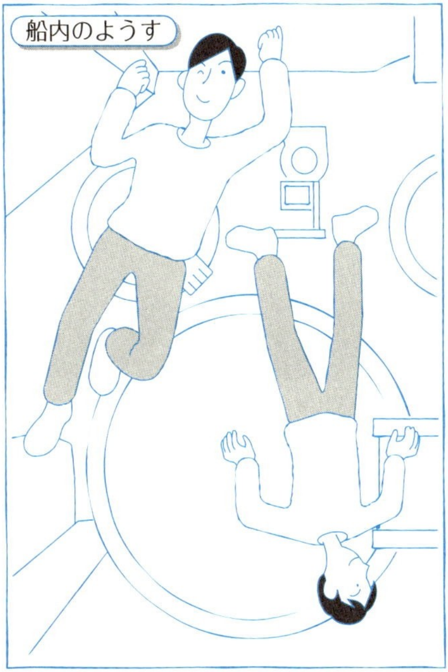

無重力ということは縦も横も斜めもない状態になるということです。

地球にいる私たちは、６畳の部屋に住んでいるとすると、当然床の部分だけを使います。しかし、宇宙空間では横の壁も上の天井部分も使えるということになります。

したがって、日本の実験棟である「きぼう」が狭いなぁと感じている人は多いと思いますが、心配は御無用。意外と広いスペースが確保されていることになるのです。

33 地球の周りをまわっている人工衛星たち

まず、**ハッブル宇宙望遠鏡**について話をしておきましょう。

これは地上600kmの軌道で地球の周りをまわっています。国際宇宙ステーションが地上400kmですから、それよりはるか上空ということになります。

この望遠鏡の長さは13.1mで重量は11tです。

どうして、宇宙に望遠鏡を備えたのでしょう。それは、地球上に望遠鏡があると、どうしても天候に左右されるからです。

地上にはたくさん望遠鏡がありますが、その中でもハワイ島のマウナケア山山頂にある国立天文台の「**すばる望遠鏡**」が有名です。標高4205mの高所にあるのは、地球上の気象や大気の影響がもっとも少ないと考えられているからです。

ハッブル宇宙望遠鏡との違いは何でしょうか。

恒星は、地上からだとチカチカと光って見えますが、これは地球に大気があるからです。宇宙からだと鮮明に見えるので、その成果たるや多大なものがあります。

あとでも話しますが、たとえば、宇宙の膨張速度が加速している現象を突き止めたのがハッブル宇宙望遠鏡でした。

なお、この望遠鏡は**エドウィン・パウエル・ハッブル**という天文学者の名を取っています。彼は、宇宙の膨張について発見したことで有名です。

次によく耳にする**ランドサット**についての話をしましょう。

これは地上900kmの軌道(それも南極や北極の上を通る軌道)で地球の周りをまわっています。

ランドサットは**NASA《ナサ》(アメリカ航空宇宙局)**が打ち上げた**地球観測衛星**で、地球の環境観測が主な任務になっています。

古くは1972年に第1号機が打ち上げられていて、現在活動しているのは第7号機ですが、2012年には第8号機が打ち上げられる予定です。

ランドサットは現在まで数えきれないほどの画像を地球に送ってきました。それらの画像は地球の環境の観測だけではなく、国防などの安全保障分野でも活用されています。

34 GPS衛星と静止衛星

本項では、前項に引き続き、地球の周りをまわっている人工衛星たちについてもう少し話をしていきましょう。

まず、**GPS衛星**について話をしましょう。GPSというのは、みなさんにもなじみがある言葉ではないでしょうか。

GPSは、**グローバリング・ポジショニング・システム**の略です。

この衛星は、前項で話をしましたランドサットよりも高い、高さ２万200kmのところをまわっています。

何をする衛星かと簡単にいえば、位置を知ることに使う衛星といえばいいでしょう。それも、２次元ではなく、３次元ですから、よりわかりやすくなっています。

GPS衛星は、アメリカの空軍によって打ち上げられた複数(30個以上)の衛星です。その複数によって三角を形成し、位置を知るわけです。空軍が打ち上げているわけですから、もともと軍事目的の衛星だったのですが、現在では携帯電話やカーナビにも応用され、わが子の位置を知るためにも使われています。

そして、最も高く飛んでいるのが**静止衛星**と呼ばれるものです。静止というのは、止まっているみたいな印象を受けますが、地球と同じ速さでまわっているから静止しているように見えるのです。つまり、地球の自転速度に合わせているということです。

この静止衛星の高度は３万6000kmです。この衛星の役割は、放送・通信および気象観測などですが、たとえていえば、3万6000kmの高さの放送・通信および気象観測のタワーがあるようなものです。

最近は、昔に比べて天気予報の当たる確率が高くなったと思いませんか。昔は当たらないものの代表として「八卦《はっけ》や天気予報」と悪口をいわれたものです。

気象衛星といえば「**ひまわり**」を思い出しますが、このような衛星が複数まわっていて地球全域の気象がわかるようになっています。

35 地球の周りをまわる人工衛星は燃料いらず

引き続き、地球の周りをまわっている人工衛星たちについて話をしておきましょう。

人工衛星は、実は燃料なしに飛び続けているといったら驚くでしょうか。当然、宇宙空間に飛び出すにはそれなりの燃料が必要ですが、一度軌道に乗ってしまえば、燃料は不要なのです。

難しいことは省きますが、地球の重力と均等に引きあうスピードであれば、燃料は不要なのです。

そのスピードは、秒速7.9km です。当然、地球上の物体は地球の重力の影響を受けています。しかし、宇宙空間ではその重力も小さくなるのです。

地表での重力は、ボールを何もせずに手から離した場合、１秒間に4.9m 落下するだけの力を有しています。したがって、１秒後に１秒前に手を離した地点とまったく同じ高さを維持できるスピードで飛べば地球に落ちることはありません。

そのスピードが、秒速7.9km なのです。

じゃあ、そのスピードより速く飛べばどうなるのでしょうか。

それが秒速11.2km 未満であれば、楕円ながら地球の周りをまわっているのですが、それ以上であれば、地球を飛び出してしまいます。

つまり、秒速11.2kmが地球の重力から脱出することができる速度なのです。これを難しい言葉で「**脱出速度**」といいます。

「飛んでけ～」という感じですかね。ただ、地球が太陽の重力の影響を受けているのですから、その脱出していった人工衛星も太陽の周りをまわる人工惑星となることになります。

パイオニアは、NASAが打ち上げた探査機ですが、10号（1972年打ち上げ）、11号（1973年打ち上げ）は、地球の重力から自由となり、木星や土星に接近し、その観測をしています。

さらに速度を増して、秒速が16.7km以上になると、太陽の重力圏を脱することができます。パイオニアはすでに太陽圏を脱出し、**ボイジャー**もやがて脱するものとされています。

この脱出速度という概念は重要ですので、ぜひ覚えておいてください。

太陽圏を脱出するボイジャーの軌道

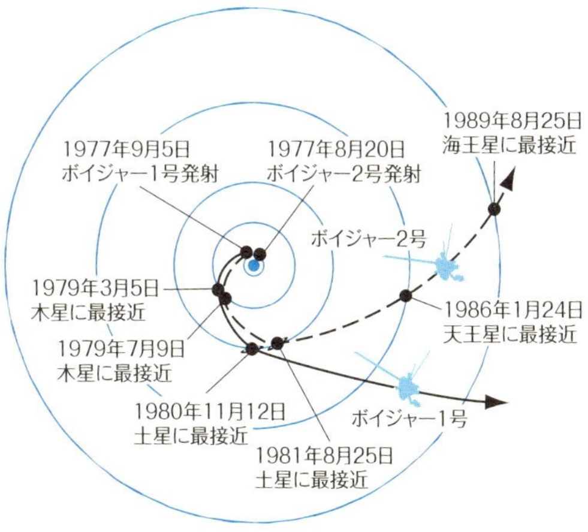

36 月

月は地球の衛星です。衛星というのは、惑星の周りを公転しているものです。

月には、人間が行ったことは知られていますが、月がどのようにして誕生したかはあまり知られていません。

これについては、さまざまな考え方がありますが、現在もっとも有力な考え方を紹介しましょう。

それによると、月は、地球がまだ固まっていない頃(**原始地球**)に、火星規模の惑星(**原始惑星**といってこれもまだ固まっていない惑星です)がぶつかりました。そして固まっていない原始惑星や原始地球から飛び散ったマントルなどが原始地球の周りをまわりだし(この時点では土星の環のように円盤型であったと考えられます)、それが固まって現在の月になったとされているのです。これだと惑星である地球の大きさに比べ衛星である月が比較的大きいことの説明ができます(月の直径は地球の約４分の１)。

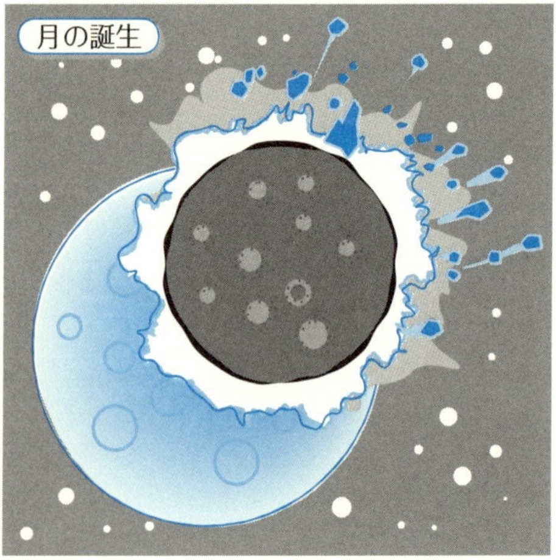

〈月のデータ〉

地球からの距離	38万4400km
自転周期	27.32日
公転周期	27.32日

この自転と公転の周期に着目してください。

これだと、月は地球に常に同じ側を見せていることになります。事実、月の裏側（どちらが裏側かという問題はさておき）は地球からは見えません。

日本の探査機「かぐや」によって、月の形は地球よりも球に近いことがわかりました。よく「まんまるお月さま」といいますが、その通りだったということになります。

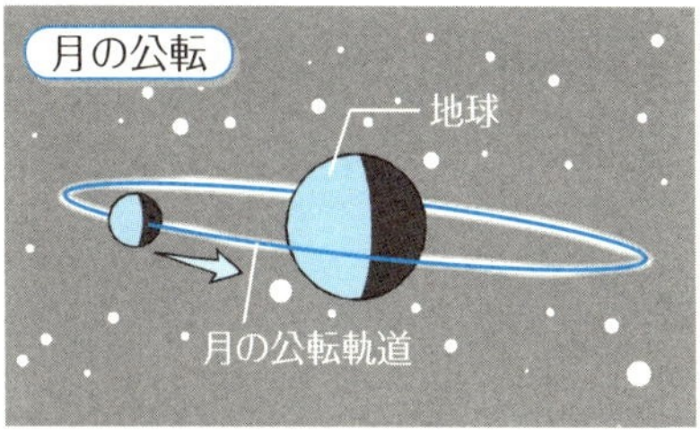

最近の調査で月には氷（つまり水）があることがわかっています。しかし、地球のような海はもちろん存在しません。また、地球のような大気の存在も認められません。

したがって、少なくとも月には知的生命体は存在しないと思われます。

37 月にまつわる物語と風習

月にまつわる物語は数多くあります。これだけ物語が多く、俳句や短歌に詠まれているのは天体の中では月が最多です。

月といえば真っ先に思い出すのが『**竹取物語**』でしょう。かぐや姫は月からやって来て、月に帰って行きました。

どうして地球にやって来たかについては、さまざまな説がありますが、月で罪を犯したかぐや姫の流刑地として地球が選ばれたと考える説が有力です。

百人一首の中でも月はもっとも多く詠まれているものの１つです。ここでは１つだけ紹介しておきましょう。

たとえば、西行法師は「嘆けとて　月やは物を　思はする
　かこち顔なる　我が涙かな」と詠んでいます。

「嘆け悲しめと、月は私（西行法師）に物思いをさせるのだろうか。 いや、本当は恋のせいであるのに、まるで月のせいであるかのように、とめどなく流れる私の涙であるよ」というぐらいの意味でしょうか。

また、日本では、月では「ウサギが餅つき」をしているとされています。

しかし、世界にはさまざまな見方があって、北アメリカや東欧では「女性の横顔」のように見えるようです。また、隣の中国では「ガマガエル」のように見えるといいます。

ただ、全世界を見た場合、ウサギ(餅つきは日本の風習ですから西洋ではこの想像は考えられませんが…)が一番多いようです。

月の模様の見え方

また、特に日本では「**十五夜**」という風習が中国から伝わっています。月見というのはどうも縄文時代からあるらしいので、非常に古い風習ですね。

旧暦８月15日、満月の夜に月見をします。典型的にはススキや団子がそえられることでしょう。平安貴族などは直接月を見ずに、水に映った月を見て歌を詠んだらしいので、いかにも風流を絵に描いたようではありませんか。

38 月の公転速度と明るさ

月が地球から約38万 km のところにあることは前項で話をしました。

なお、月が公転する速度は秒速約１km、秒速だとたいして速く感じないかもしれませんが、これは時速に直すと3600kmの猛スピードなのです。

私たちの身近にある新幹線のスピードが時速300km くらいですから、はるか上を行く猛烈な速さです。

しかし、そんなスピードを感じさせることなく、月は今日も夜空にポッカリと浮かんでいます。

しかし、実際月は、毎秒1.4mm 地球に落ちて来ているといったら驚くでしょうか。毎秒1.4mm といえば、時速だと5.04m で、カタツムリの這う速度と同じくらいの計算になります。

38万 km をこのスピードで落ちてくると、約８～９千年で地球に衝突します。

これは、もし、カタツムリが月に行こうと思えば、休まず進んで約８～９千年で月に到達する計算になるということです。

しかし、前項で話をしたように、月は秒速１km で公転しているので、位置は変わりません。

つまり、１年経っても８～９千年経ってもやはり地球から38万 km のところにポッカリと浮かんでいるのです。

さて、みなさんは満月はどれくらい明るいと思いますか。全天で一番明るい恒星であるシリウス(もちろん太陽は除く)でさえ、約マイナス1.5等星なのに対し、満月はマイナス12.7等星です。

電気がなく、ロウソクに頼っていた江戸時代、夜歩きには提灯《ちょうちん》を持たなければならない規則があったそうですが、さぞ満月の夜は明るかったに相違ありません。

しかし、月が半分欠けて半月となると、満月に比べて約12分の１、そして三日月だと満月に比べて約100分の１の明るさになってしまいます。

現在は、電燈やネオンによって夜でも明るいので、あまり違いを感じることはないかもしれませんが、電気のない時代には大きな違いを体感したことでしょう。

これだけ明るさが変わるのは、満月のときと半月や三日月のときとでは、大陽の光を反射する角度が大きく異なるためです。

満月は大陽の光を正面から反射しているので、もっとも明るいのです。

39 月食と日食

みなさんは、**月食**や**日食**を見たことがありますか。

日食が起こるのは、月と太陽を地球から見たとき、見かけの大きさが同じだからなのです。ちょうど５円玉の穴の大きさに等しいと思えばいいでしょう。

ということで、日食を見ることができるのは、太陽系の惑星の中では地球だけです。

他の惑星にも衛星はありますが、見かけの大きさが異なるため、その惑星の月食(月ではありませんが)や日食を見ることはできません。

月食や日食の原理はわかると思いますが、改めて話をしておきましょう。

まず、月食は太陽と月の間に地球が入ることから生じる現象です。つまり、地球の影が月に反映するということです。

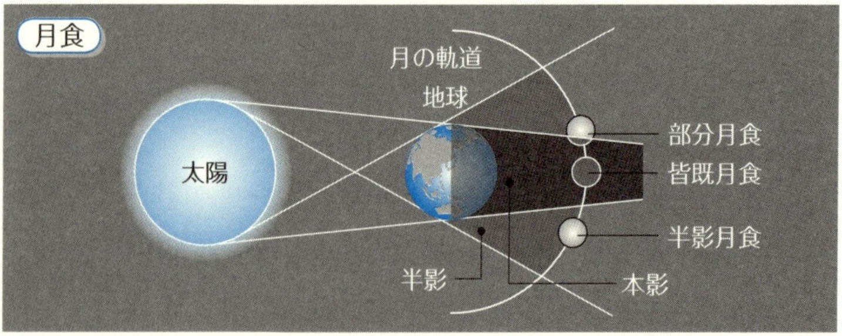

一方、日食というのは、月が地球と太陽の間に入り、太陽光をさえぎるということから生じる現象です。

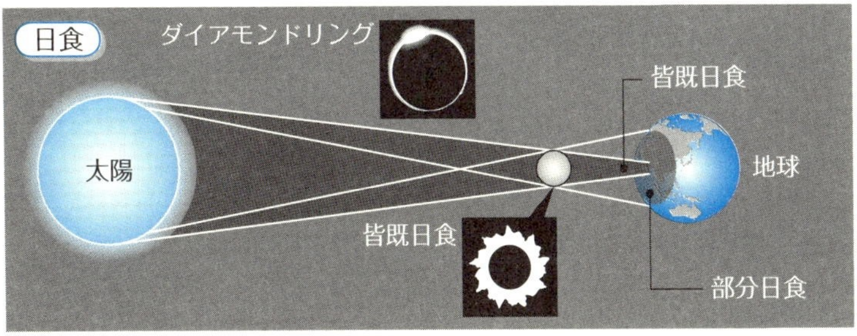

月食というのは、あまり人気がないようです。まぁ月が欠けるという現象はいつも見ていますからね。

ただ、**皆既月食**になりますと、真っ暗な状態が１時間47分も続き、先ほど話をした満月の明るさがほとんど消えるわけですから、今と比べ夜が暗かった時代には恐れられたかもしれませんね。そのせいか、月食の観測記録は紀元前2283年のメソポタミアが最初というから驚きではありませんか。

しかし、それよりインパクトが強いのが日食でしょう。とくに**皆既日食**は神話の宝庫です。これは神話ではありませんが、あのアメリカ大陸を発見した**コロンブス**も、日食を利用して西インド諸島の原住民を服従させたと伝えられています。

皆既日食が始まる直前と直後に起こる、太陽が少し顔を出したいわゆる「**ダイアモンドリング**」は壮観です。

次に皆既日食が日本でも観察することができるのは、2035年９月２日ですから、楽しみにしておいてください。なお、世界を基準に考えると、2035年までに何回か皆既日食を観測することができます。

40 月面着陸「アポロ計画」

もう少し月の話を続けましょうか。

私は、1969年７月20日に人間が月に着陸したことを昨日のように覚えています。

これは、アメリカの「**アポロ計画**」と呼ばれるものの最初の月面着陸です。それから人類は計６回、この計画の遂行により月面着陸に成功しています。

しかし、やはり最初の月面着陸が非常に印象的でした。

人類で初めて月へ降り立った人は、**アポロ11号のアームストロング船長**でした。そして、最初に降り立った船は母船であるアポロ11号から切り離された月への着陸船である**イーグル**です。

何でも「最初」や一番はよく覚えていますが、二番以降はあまり覚えていません。

たとえば、日本で一番高い山は富士山だということは多分ある程度の年齢の日本人であればほとんどが知っているでしょう。しかし、二番目はと聞かれれば答えられる人はぐっと少なくなるに違いありません。

月面に降り立ったときのアームストロング船長の言葉は非常に印象的でした。「これは一人の人間にとっては小さな一歩だが、人類にとっては大きな飛躍である」と言ったのです。

私はその時、人類が宇宙に出ていくことを期待していまし

た。すぐ火星へ、木星へと夢は膨らんでいました。しかし、1972年12月７日の**アポロ17号**の月面着陸以降、誰も月へは行っていませんし、その他の天体にも行っていないのです。

月から地球に戻った宇宙飛行士たちには厳格な検査があったそうです。その当時は、月に何があるかわからず、ウイルスなどを心配したのでしょう。しかし、月には何もなかったのです。

満地球の出

さて、月からの眺めですが、月には大気がありませんので、非常に鮮明に見えるものだと思われます。「霞がかかる」という言葉がありますが、月には「霞がかかる」ことはありません。遠くにある地球もくっきりと見えることでしょう。

41 太陽(系)の誕生

太陽は、誕生から46億年を経ていることは前項で話をしました。

まず、太陽が誕生したいきさつを考えてみましょう。

太陽は銀河系の中でもごく標準的な恒星です。このような標準的な恒星の誕生過程を見てみましょう。

宇宙空間にあるガス(**水素**や**ヘリウム**など)やチリは、散らばっているうちは何も起きませんが、そのようなガスが集まると重力が強くなり、重力が強くなるとますますガスが集まってきます。そして、重力エネルギーが解放され、それ自体の温度が高くなっていくのです。

やがてガスの塊は内部で核融合反応を起こし、恒星自体が有する重力エネルギーと核融合エネルギーが釣り合う状態になれば、安定した状態になると考えられています。

約46億年前、太陽でもこのようなことが起こり、太陽を形成したと考えられます。

できたてホヤホヤの太陽(**原始太陽**といいます)には惑星はありません。

ここで、現在の太陽系の誕生について、１つの説を紹介しておきましょう。

原始太陽は厚い雲(ガスやチリなど)でおおわれていたとされ、その頃の太陽は今よりもゆっくりと回転していたと考えられています。その後段々と回転が速くなり、核となる太陽と現在の土星のように環になった雲があったものと考えられます。その環が非常に大きな力で遠くまで吹き飛ばされ、ガスやチリなどが集まって惑星のもととなり、現在の太陽系の原型が創り上げられたというのです。

ここで話をした大きな力は**核融合反応**の激しいものだったと思われます。最近の天文学では当時の太陽は現在の1000倍も明るかったことがわかっていますから、そのエネルギーは半端ではなかったのだと思います。

そしてこの説では、遠くまで飛んでいったガスやチリが集まりはじめ、約46億年前に原始地球が形成されたものだと考えられています。

あとでも話をしますが、一番遠くへ飛ばされたのは彗星だったでしょう。したがって、彗星をうまく観察することができれば、原始太陽の姿が浮かんでくることでしょう。

42 太陽(系)の惑星

太陽系には、太陽を中心に公転する惑星が８個あります。そして、８個の惑星は大きく２種類に分けることができます。

太陽に１番近い惑星である**水星**、２番目の**金星**、３番目の**地球**、４番目の**火星**までは小型で、岩盤質で形成されています。これらを「**地球型惑星**」といいます。

５番目の**木星**、６番目の**土星**は厚い雲におおわれた氷の惑星で、７番目の**天王星**、８番目の**海王星**は薄い雲でおおれた氷の惑星です。これらを「**木星型惑星**」と呼んでいます。なお、最近では天王星と海王星をさらに「天王星型惑星」として分けることもあります。

〈惑星の分類〉

地球型惑星	木星型惑星
水星	木星
金星	土星
地球	天王星
火星	海王星

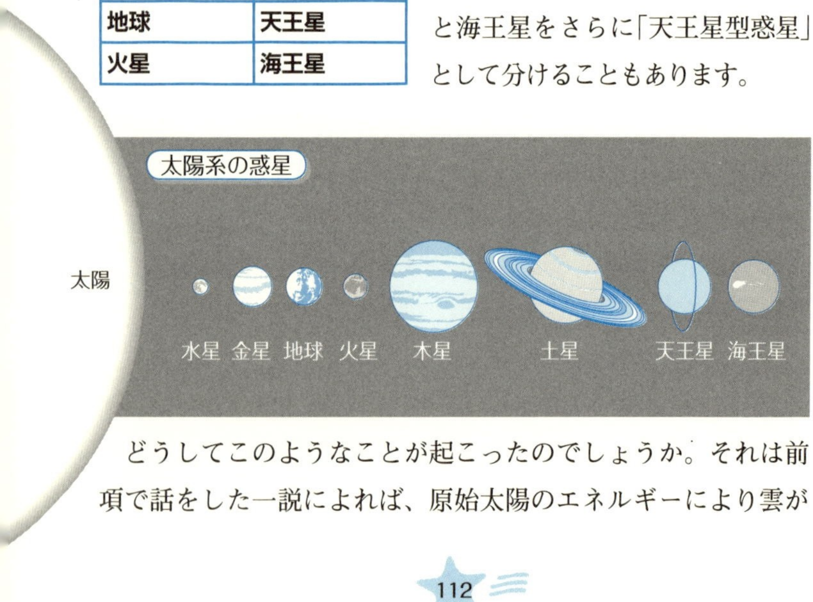

どうしてこのようなことが起こったのでしょうか。それは前項で話をした一説によれば、原始太陽のエネルギーにより雲が

飛ばされたことと無関係ではありません。

つまり、火星より内側の星はその核を取り巻く雲も全部吹き飛んでしまい、木星より遠かった惑星では雲が残ったというわけです。

太陽系は、惑星以外にも惑星の周りを公転している衛星(地球でいえば月)、**小惑星**、**準惑星**(**冥王星**が典型的)、**彗星**および**星間物質**から成り立っています。

これらが、一定の速度で太陽の周りを公転しています。いわば太陽の子分のようなものです。

私が最初に書いたプロローグ以外に天文学に引きつけられた話があります。それは、**ボーデの法則**といわれるものです。

簡単にいうと、太陽系の惑星はいい加減な並び方をしているのではなく、ある数列に従っているというものなのです。

その数列に当てはめると、火星と木星の間に惑星があってしかるべきなのですが、そこには惑星は発見されませんでした。しかし1801年1月1日、なんと予想された位置に小惑星が発見されたのです。それは**セレス**と呼ばれています。

その後、その辺りで無数の小惑星が発見され、その数列は正しいことを予想していたということが証明されたのです。

なぜ小惑星になったのかについては、さまざまな見解があります。惑星が爆発したとする見解も魅力的ですが、現在は太陽が吹き飛ばしたガスが、結局まとまらなかったとする見解が有力です。

43 太陽

　この項では太陽のことを話しましょう。現在の太陽のデータは次の通りです。

〈太陽のデータ〉

組成	水素73%、ヘリウム25%
自転周期	27.28日
直径	139万2000km（地球の約109倍）
中心温度	1500万～1600万℃
表面温度	6100℃

　太陽の中心部では約46億年前から核融合反応が起こっていて、それは後50億年は続くと考えられています。

　太陽の内部で起こっている核融合反応にはいくつかのタイプがありますが、次のものが一般的です。

　少し難しい話となりますが、勘弁してください。みなさんが学校で習ったように、水素の**原子核**の周りには**電子**がまわっているのが通常の状態です。

　しかし、太陽の内部は1600万℃という非常な高温のため、水素の原子核と電子がバラバラになってしまうのです。

　その核（**陽子**）同士が互いにぶつかりあい合体すると、莫大なエネルギーの放出が起こります。これを核融合反応といいます。

　さて、難しい話の後は、ギリシャ神話の**イカロス**（イカルスともいいます)の話でもしましょう。

この話は、簡単にいえば、イカロスと父**ダイダロス**は**ミノス王**の怒りをかい、とある迷宮に幽閉されてしまいます。

父と息子はその迷宮からの脱走を試み、鳥の羽根を集め、それらをロウで固めて背中に貼りつけます。そして、羽根を付けて空から脱出したのです。見事、脱走には成功するのですが、父のいい付けにそむいてイカロスはどこまでも高く飛び、太陽に近づきすぎてロウが溶け、羽をもがれて海に墜落して死んでしまうというお話です。

この話が何を伝えたいのかは別にして、太陽の表面温度は6100℃ですから、それは溶けるに決まっています。

私たちを生かしているのも太陽ですが、死なせることもできるというわけです。

この地球上に生きているすべての生き物が太陽の恩恵を受けています。

普段は忘れていますが、今ぐらいは思い出してください。

どこかのＣＭに「救うのは太陽だと思う」というのがありましたが、あれはいい得て妙、その通りです。

生かすも殺すも太陽しだいです。地球がもう少し太陽に近かったら、もう少し遠かったら、地球の運命は違っていたことでしょう。

44 太陽のさまざまな現象

この項も前項に続いて、もう少し、太陽について話をすることにしましょう。

太陽には、**黒点**と呼ばれる部分があります。その部分には**磁場**ができていて、他の部分より温度が低いので黒く見えるのです。

この黒点の数は11年周期で変化することもわかっています。黒点の数が多くなることは太陽が活発に活動していることを意味しています。この時期のことを**極大期**といいます。

この黒点が多くなれば、電気を帯びた粒子がたくさん地球に降り注ぎ、南極と北極の磁場に引き寄せられます。

この降り注ぐ粒子を**太陽風**、激しいものを**太陽嵐**といいますが、太陽風は大気中の酸素や窒素とぶつかると光を発します。これが**オーロラ**です。

したがって、オーロラは、極大期に頻繁に現れることになるのです。一度オーロラを見たいものです。原理がわかっていても美しい

ものは美しいのです。

太陽には、**プロミネンス**という現象もあります。この現象は、太陽の**彩層**（太陽の外側の層と考えてください）から、赤いガスが炎のように吹き出るものです。

炎といっても、テレビで見る火事の炎とはその大きさが比べ物になりません。大きなプロミネンスだと、数十万kmとなることがあります。地球の直径が１万2756kmですから、どれほど大きな炎かわかるでしょう。

このプロミネンスは通常でも観察することはできますが、皆既日食のときに一番よく見えます。

また、**コロナ**という名前は聞いたことがあるでしょう（湯沸かし器ではありません）。

コロナについてはまだ十分解明されていませんが、太陽の表面温度が約6000℃なのに対してコロナの温度は100万℃以上といわれています。

太陽までは光の速度で約８分かかります。したがって、太陽からの光は８分で地球に届きますが、ただ、その光（エネルギー）が太陽の中心でつくられ表面に出てくるまでは数百万年もかかるといわれています。

45 太陽系と銀河

太陽系は私たちの銀河の周りをまわっています。それもかなりのスピードで。

月は地球の周りをまわり、地球は太陽の周りをまわり、太陽は私たちの銀河の周りをまわっています。

その銀河には1000億個から2000億個の恒星があるとされていますが、それらも公転をしているのです。それも猛スピードで。

猛スピードには慣れたと思いますが、太陽の公転速度は秒速250km だといわれています。いいですか、秒速ですよ。

それではここで１つ問題を出しましょう。

問題 私たちの銀河系が自転により１回転するには何年かかるでしょうか。

① １億年

② １億5000万年

③ ２億年

④ ２億5000万年

⑤ ３億年

答えは、④の２億5000万年です。２億5000万年前といえば、地球上ではやっと恐竜が現れた頃ではありませんか。その頃から数えて１回転したことになるのです。

ところで、太陽系は全体が銀河の周りをまわっているのであって、太陽だけがまわっているわけではありません。

いわば親分が子分を連れて猛スピードで走っているわけです。

太陽系の広がりについては諸説がありますが、少なくとも先年までは惑星だった(現在は準惑星)冥王星までは、太陽から光のスピードで５時間40分ほどかかるとされています。その外にあるものまで含めると太陽系の果てまでは、太陽から光の速度で約３年半はかかりそうです。

この広大な太陽系が整然と銀河の周りをまわっているというのは一つの大きな不思議ですよね。

ところで、太陽系は太陽がその全質量の99.9％を占めているのです。これも驚くべきことですよね。太陽系の中で一番大きな惑星である木星でも太陽の質量の0.1％もないのですから。

地球なんて、太陽に比べれば豆粒のようなもので、その上で戦争をしていることを思えばバカバカしくなってきます。

46 水星

この項では「水星」を取り上げて考えてみましょう。

太陽系の中でもっとも太陽に近い惑星である水星の主なデータは次の通りです。

〈水星のデータ〉

直径	4879km
太陽からの距離（平均）	5790万km
1年の長さ	88日
1日の長さ	176日
大気	ほとんどなし

このデータを見てもっとも不思議なことは、１日の長さが176日なのに、１年の長さが88日だという点です。

つまり、今が朝としますと、夕方には太陽の周りを１回転しているわけです。その間が88日あります。

そして、夕方から朝までに１回転し、それが88日かかるというわけです。したがって、水星の昼は88日、夜も88日ということです。水星では２年たって、ようやく１日が終わるのです。

そして、昼の部分は太陽にさらされているので、赤道付近では430℃、夜は夜で長く続くのでマイナス170℃になると考えられています。

水星には衛星がありません。大きさを見てもわかるように、地球の衛星である月の1.4倍程度の大きさしかありません。また、月と同じように**クレーター**が多くあることは、NASAの水星探査機**マリナー10号**や**メッセンジャー**が多くの写真を送ってくれていることからよくわかっています。

それらのクレーターにはさまざまな名が付けられていますが、「**清少納言**《せいしょうなごん》」や「**紫式部**《むらさきしきぶ》」、そして私の大好きな「**柿本人麻呂**《かきのもとのひとまろ》」という名もあります。

よく「水星はどの方向に見えるのですか」という質問があります。しかし、水星はほとんど見えないといってもいいでしょう。ただ、よく目を凝らすと見えますので諦めないでください。

よく見えない理由は、あまりにも太陽の近くにありすぎ、しかも太陽が顔を出すのとほぼ同時に現れ、太陽が沈むのと同時にやはり沈んでいくからです。

47 金星

この項では「金星」を取り上げて考えてみましょう。

太陽系の中でもっとも地球に近い大きさをもった惑星である金星の主なデータは次の通りです。

〈金星のデータ〉

直径	1万2104km
太陽からの距離（平均）	1億820万km
1年の長さ	225日
1日の長さ	116.75日
大気	ほとんどが二酸化炭素

金星で特徴的なことは、自転のスピードが極端に遅いことです。どのくらいかというと、243日かかって１回転するのです。

また、おもしろいのは、その自転の向きが地球と反対なので、太陽は西から上り、東に沈むわけです。まるで『天才バカボン』の歌のようです。

ここ数十年、地球でもよくいわれることですが、金星は大気のほとんどが二酸化炭素なので、いわゆる**温室効果ガス**によって太陽の熱を溜めこみます。金星のほうが水星より遠いところに位置するのに、その温度は400℃以上ともいわれており、水星が430℃なのといい勝負です。

金星にも水星同様、衛星はありません。ただ、その表面は水星と異なり、火山が多いといわれています。それも**活火山**です。それは金星に、旧ソ連が探査機**ベネラ**を、NASAが探査機**マゼラン**を送り込んだことからわかったことです。

なお、**ビーナス**や木星探査機の**ガリレオ**は金星の画像も撮っていますが、そこからは、厚い雲(主に二酸化炭素)の様子がよく見えます。

金星は日の出前や日没後に見ることができます。

地球から見て、金星が太陽の西側にあるときは、日の出前に東の空に見ることができます。これを「**明けの明**《みょう》**星**《じょう》」と呼んでいます。また、地球から見て金星が太陽の東側にあるときは、日没後に西の空に見ることができます。これを「**宵**《よい》**の明星**」と呼んでいます。

その最大光度はマイナス4.7等星で、まさに光り輝いているのです。

48 火星

この項では「火星」を取り上げて考えてみましょう。

太陽系の中で地球のすぐ(?)外側にある惑星である火星の主なデータは次の通りです。

〈火星のデータ〉

直径	6792km
太陽からの距離（平均）	2億2780万km
1年の長さ	687日
1日の長さ	24時間40分
大気	ほとんどが二酸化炭素

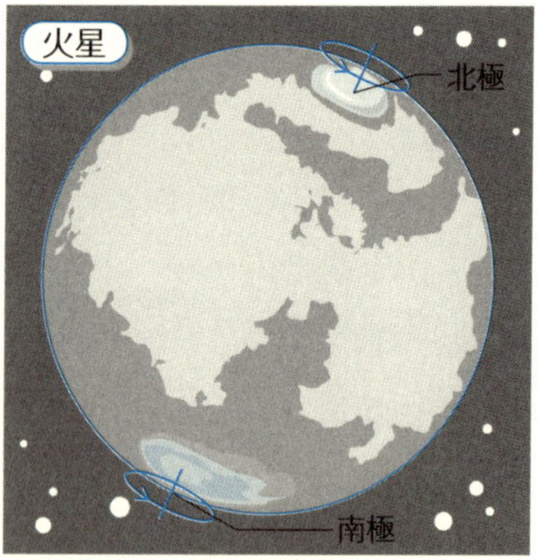

このデータを見ていて気がつくことがあるでしょう。そう、１日の長さが地球とほぼ変わらないのです。そして、地軸の傾きが25.2度ですから、地球とほぼ同じで(地球の地軸の傾きは23.4度)、火星には季節の変化もあります。

というと、「何か住めそうじゃないの」と思いがちですが、火星の表面の平均温度はマイナス65℃です。そして、大気はほとんどが二酸化炭素なので、息ができたとしてもほんの数秒であると思われます。

火星については、昔からさまざまな話があります。生物がいるのではないかということが話の中心となりますが、未だ発見されていません。

ただ、水が流れた形跡は発見されていますし、火星の南極と北極にあたる所は氷やドライアイスでおおわれています。火星に夏が訪れるとこの氷は溶けますが、川にはなりません。これらは雲になるのです。

データを見てもわかるように、公転周期が687日ですから、地球が火星の公転に追いつくことがあるわけです。それに火星の公転は楕円を描いていますので、地球に大接近することがあります。

1877年にも大接近しているのですが、そのときイタリア人のスキャパレリは、火星に黒い筋があるのを発見しました。これをアメリカ人の学者が運河だと勘違いして、運河は人工の産物ですから、「それ高度な文明があるはずだ」ということになったようです。

この火星の大接近は15年、17年、15年、17年の繰り返しで起こります。前回の大接近は2003年でした。次は15年後の2018年ということになります。

49 火星の衛星

この項では前項に続いて「火星」を取り上げて考えてみましょう。

火星には、衛星が２つもあります。地球でも１つしかないのに生意気な感じがします。

その衛星の名は「**フォボス**」と「**ダイモス**」です。フォボスもダイモスも球ではないので直径といえるかどうかわかりませんが、それぞれのデータは次のようになっています。

〈フォボスとダイモスの大きさ〉

フォボス	26km×22km×18km（三軸径）
ダイモス	16km×12km×10km（三軸径）

これらは小惑星が火星に接近して火星の引力圏にとらえられたと考えられています。

月の直径が3475kmありますから、それに比べれば小さな衛星ということになります。

この２つの衛星については驚くなかれ、かの『**ガリバー旅行記**』にその記述があるのです。ガリバー旅行記が発刊されたのが、1726年です。その当時の望遠鏡といったらオモチャみたいなもので、その望遠鏡を使って２つの衛星を発見することは無理だと思うのですが、作者スウィフトの創作なのでしょうか。

実際に惑星が発見されたのは、1877年の火星の大接近時です。

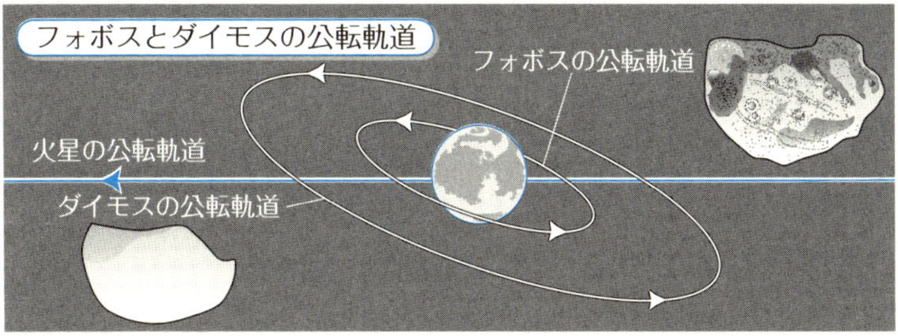

火星については、今まで何度か探査が行われています。

その中で特筆すべきは1997年に**マーズ・パスファインダー**が着陸したことです。この探査機はパラシュートで着陸を試み(空気の薄いというかほとんどないところでもパラシュートは使えるのですね)、エアバッグの塊のようなもので守り、なんとか着陸し、**ローバー**(小型無人探査車)を使って探査を行いました。

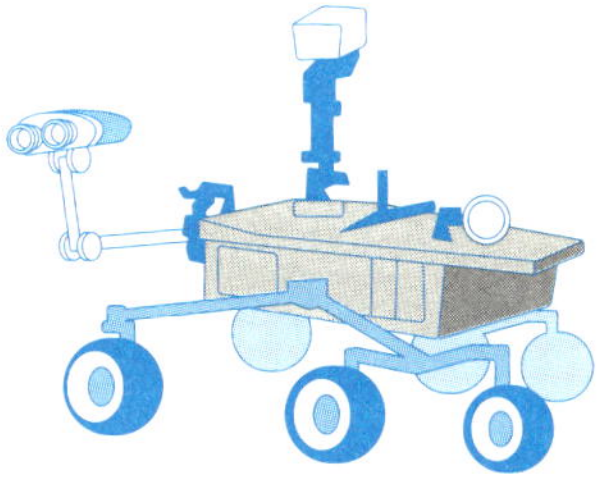

火星は地球から見ると赤く見えます。これは火星の土(岩石)に含まれている鉄分が酸化して赤く変色する(つまり錆《さ》びる)ためだと考えられています。

さて、この火星に人が行き、やがて住みつく時がくるのでしょうか。

アメリカは今世紀のなかばにはこれを実現させようとしていますが、どうでしょうね。

50 木星

この項では「木星」を取り上げて考えてみましょう。

太陽系の中でもっとも大きい惑星である木星の主なデータは次の通りです。

〈木星のデータ〉

直径	14万2984km
太陽からの距離（平均）	7億7830万km
1年の長さ	11.9年
1日の長さ	9時間56分
大気	水素81%、ヘリウム17%

まず、その直径に驚いてください。地球の10倍はあります。「なんだ、10倍か」と思うかもしれませんが、木星に地球を詰め込むと1300個ぐらい入ります。

次に、１日の長さが短いことに気がつくでしょう。地球と比べると、クルクルまわっている印象を受けます。したがって赤道あたりの遠心力はすごいものがあり、木星は「ひしゃげて」いるのです。

それと驚くのは衛星の数で、今まで発見されたものは60個を超えています。ただ、一番大きい衛星でも直径は月の２倍はありません。これだけ大きな惑星ならば大きな衛星がありそうですが、月は結構大きいのです。

なぜ太陽系の中で木星が一番大きいのかについては次のような説明がされています。

太陽系がどうして誕生したかは前項で話しました。太陽の重力は遠くへいくほど小さくなります。したがって、大きな重力のかかる水星が最も小さくなるのです。

そうすると、遠くへ行けば行くほど大きくなりそうですが、遠くの惑星へは太陽のガスがあまり行かなかったのでしょう。

つまり、木星あたりが最大値だったことになります。

だとすると、火星はなぜ地球より小さいのという疑問にぶつかりそうですが、火星は木星の重力の影響を受けているわけです。

木星はガスでできていますから、熱いように思いますが、太陽から距離がありますので、平均の表面温度はマイナス110℃です。しかし、内部は高温でとても耐えられないと思われます。

このようにガスでできていますが、濃いところと薄いところがあるので、表面は縞模様《しまもよう》となっています。

51 土星

この項では「土星」を取り上げて考えてみましょう。

太陽系の中で（地球から見て）もっとも美しい環を有している惑星である土星の主なデータは次の通りです。

〈土星のデータ〉

直径	12万536km
太陽からの距離（平均）	14億3350万km
1年の長さ	29.5年
1日の長さ	10時間40分
大気	水素97%、ヘリウム3%

土星といえばなんといってもその環が有名です。これは小さな望遠鏡でも見ることができます。土星の環を最初に望遠鏡で見た人は、かのガリレオだといわれています。

この環の直径は、なんと土星本体の直径の２倍はあります。

環の正体は、探査衛星ボイジャーの画像を見て驚いた人も多いと思いますが、なんと「**氷**」だったのです。

１つ１つの氷の大きさは、一番小さいものでビー玉くらいだと思われますが、それがたくさんあり、厚さは数十～数百ｍあります。なにしろ、土星の直径が地球の9.5倍はあるわけですから、数百ｍはたいしたことはありません。

たとえていえば、高さ12ｍの塀を土星とすると、環は0.01mm

ぐらいの高さということになります。

したがってガリレオの時代の望遠鏡でよく見えたなと感心してしまいます。

ちなみにボイジャーというのは、(航海する)旅人という意味で、アメリカの映画に同じ名前のものがあります。

ある説によると、ガリレオは環とは思わなかったらしいとされています。環でなかったらガリレオは、惑星に耳でもついていると思ったのでしょうかね。

本当に、ガリレオが耳だと思っていたという話もあります。

この環が地球から見ると15年に一度は水平になるので、一時見えなくなることがあります。今度、環が見えなくなるのは、2025年だといわれています。

52 土星は水に浮く？

前項に引き続き土星の話です。

環のほかに土星で特筆すべきことは密度です。その密度は水の0.69倍しかありません。

水の0.69倍というのは、理論的には水に浮かぶことになりそうですが、これには論争があります。つまり、密度は均一ではないので、水には浮かばないという者がいるのです。

「浮かぶ」「いや浮かばない」という議論を大の大人が、それも学者と呼ばれる人たちが行っています。

世の中は平和なのか、天文学の世界は、私たちに夢を見させてくれます。

もちろん、どちらにしろ、そんな大きな入れ物は、今はありません。

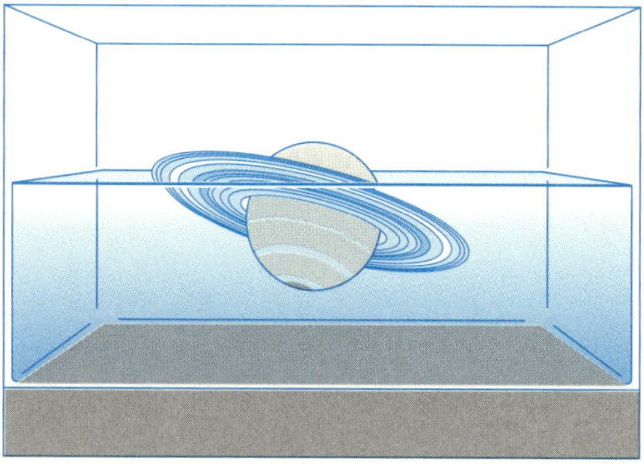

　ところで、急に話は飛びますが、私は、古い簞笥《たんす》を集めるのが趣味で、その収集した簞笥の１つに**船簞笥**と呼ばれるものがあります。

　昔、江戸時代（一部明治時代も）に、日本海沿いから瀬戸内海沿いで非常に盛んに交易が行われていました。

　商人たちは、北の産物を日本海を経て大阪に運び、その逆もしました。

　その時に金庫代わりに使われたのが船簞笥です。貴重品を入れていたため、船が難破しても、水に浮くようにできているそうです。しかし、水に浮くか否かを試したことはありません。なぜなら、浮くにしろ、沈むにしろ、もったいないからです。

　果たして土星は水に浮くのか、浮かないのか、船簞笥と同じように、私は、ハラハラドキドキしています。

　さて、土星も木星同様、自転速度が速く、１日の長さは10時間40分とされています。

　土星も木星と同様、形としては横長のひしゃげたものです。

　土星の環をとれば、何の変哲もない惑星の一つに過ぎないでしょうが、環があることによって土星は輝き続ける（本当は輝いていないのですが…）のです。

　一番好きな惑星は何ですか、という単純な問いに対して、「土星」という答えが一番多いそうです。

　そりゃそうでしょうね。望遠鏡でも見ていると飽きがこないですからね。

53 土星の環とタイタン

この項でも前項に引き続き「土星」を取り上げてもう少し考えてみましょう。

また環の話になりますが、これについてはNASAと**欧州宇宙機関**(**ESA**)により開発された**カッシーニ**という土星探査機による詳細な報告があります。

なお、カッシーニという名前は、17世紀に活躍した天文学者**ジョバンニ・カッシーニ**からとったもので、彼は、土星の環は複数の環で構成されていることを発見した人です。

ところで、環は土星の専売特許のようにいわれていますが、実は、木星型惑星(木星、土星、天王星および海王星)には環があることがわかっています。

前項で太陽にも環があることは話しましたね。

環の話をしていると時間がすぐたち、ページもいってしまうので、次は衛星の話でもしましょう。

土星には、木星と同じくらいの60個を超える衛星があります。

一番大きな衛星は**タイタン**と呼ばれるもので、直径は5151kmあります。私たちの月の直径が3475kmですから、2まわりぐらい大きいだけです。木星で一番大きな衛星は**ガニメデ**で、その直径は5262kmですから、タイタンは2番目に大きな衛星ということになります。

このタイタン以外の衛星は氷でできていますが、タイタンには大気があるのです。先ほど話しましたカッシーニはタイタンへ「**ホイヘンス**」という小型探査機を送り込んでいます。それは着陸に成功し、タイタンの画像が地球に送られてきています。

タイタンの大気の大部分は窒素です。地球が誕生したときの大気は二酸化炭素がほとんどでしたが、長い年月をかけて二酸化炭素が吸収されて、地球は今の大気の組成(窒素80%、酸素20%)になりました。

このほか、さまざまな調査から、タイタンには生命誕生の可能性があると考える学者が大勢います。

タイタンの表面

タイタンは濃い大気で覆われ、その下にはメタンの海が広がっています。

54 天王星と衛星

この項では「天王星」を取り上げて考えてみましょう。

太陽系の中でもこれといった特色がなく、まだあまり探査もされていない惑星である天王星の主なデータは次の通りです。

〈天王星のデータ〉

直径	5万1118km
太陽からの距離（平均）	28億7246万km
1年の長さ	84年
1日の長さ	17時間14分
大気	水素83%、ヘリウム15%、メタン2%

地球の直径が１万2756kmですから、天王星は地球の５倍弱くらいの大きさがあります。天王星は、太陽系の中では木星、土星に次ぐ３番目に大きな惑星なのです。

望遠鏡で天王星を見ると、少し青みがかっています。これは、大気中のメタンにより赤色光が吸収されるためです。

天王星で特徴的なことはその自転軸でしょう。つまり、自転軸の傾きが98度であり、ほぼ横倒しのまま太陽の周りをまわっているのです。

これは何を意味しているかというと、図表にあるように、天王星の公転周期は84年ですから、半分の42年は太陽方向を向いていて、残りの42年は太陽方向を向いていないということです。

前項で水星は88日間太陽の方を向き、88日間太陽と反対方向を向くという話をしました。しかし、42年間ですからね。88日とは比べものにならないわけです。

温度はあくまでも平均なのでひょっとしたら暖かい場所もあるのではないか、と想像したくなりますが、天王星は大部分が水やメタン、アンモニアの氷でできています。もちろん生物が住める環境にはないといえるでしょう。

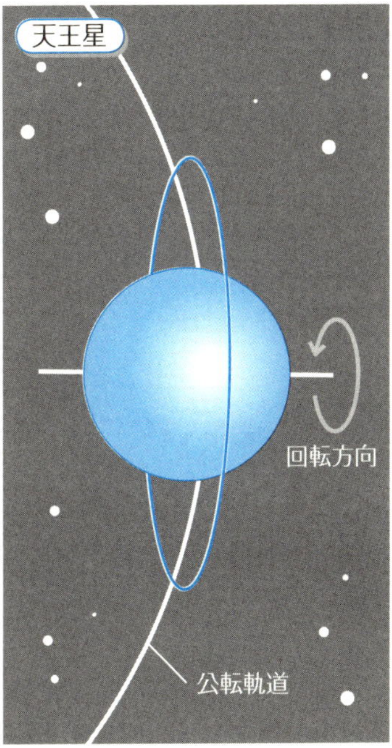

天王星には、現在27個の衛星が発見されています。中でも、**５大衛星**といって、**アリエル**、**タイターニア**、**オベロン**、**ミランダ**および**ウンブリエル**は有名です。この中でミランダには、氷の崖があるといわれています。その高さはもっとも高いもので２万ｍあるといわれ、太陽系の中ではもっとも高い崖といえるでしょう。

55 海王星

この項では「海王星」を取り上げて考えてみましょう。

太陽系の中で、もっとも太陽より遠くにある惑星である海王星の主なデータは次の通りです。

〈海王星のデータ〉

直径	4万9528km
太陽からの距離（平均）	45億440万km
1年の長さ	165年
1日の長さ	16時間7分
大気	水素79%、ヘリウム18%、メタン3%

天王星の項でも話しましたが、地球の直径が1万2756kmですから、海王星は地球の4倍弱くらいの大きさがあります。天王星も海王星も意外と大きな惑星なのに驚くかもしれません。

また、天王星と海王星は構造がよく似ていて、水やメタン、アンモニアの氷からできていると考えられています。よく違いとして挙げられるのは、天王星がツルっとしているのに対し、海王星には大暗斑と呼ばれる模様や雲の渦があるということです。この理由については、天王星の自転軸が横向きなのに対し、海王星の自転軸は天王星より傾きが少ないからという説があります。

海王星と天王星の違い

海王星

天王星

海王星の特徴としてよく挙げられるのは、風速が非常に強いということです。

日本に台風が来たときに、よく瞬間風速50mですなどというのは、なじみがあるフレーズだと思います。風速というのは秒速ですから、風速50mは時速180kmということになります。しかし、海王星では時速2000kmという風が吹いているのです。時速2000kmは風速555mということになります。

また、衛星ですが、現在海王星には13個の衛星が発見されています。最大の衛星は**トリトン**ですが、ここも氷の衛星だと考えられます。しかし、NASAの探査機ボイジャーは、トリトンの表面に地球でいう間欠泉(色は黒ですが)を発見しています。これは、地下に溜まっていた窒素が表面の氷を突き破って出てきたもののようです。

なお、トリトンは海王星の自転方向と逆方向に公転していて、いずれは海王星に落ちると考えられています。

56 彗星

この項では「彗星」を取り上げて考えてみましょう。

彗星は、**ほうき星**ともいいます。英語ではコメットです。

昔、『コメットさん』というテレビドラマがあったことを覚えている人は多いと思いますが、「彗星さん」だったのですね。

太陽系の中でもっとも大きな公転軌道を描いているのは、惑星ではなく、彗星です。

彗星の軌道というのは、極端な楕円《だえん》です。惑星の中にも少し楕円の軌道を描いて公転しているものもありますが、彗星の公転軌道は非常に極端なのです。

楕円というのは、知っていると思いますが、焦点が２つあります。

１つの焦点は太陽になりますので、太陽に限りなく近づくものもあるのです。

そしてもう１つの焦点は、たとえば、海王星のはるかかなたにあり、非常に遠ざかることもあるのです。ただ、やはり太陽の周りをまわっているので、宇宙のはてまで飛んでいくことはありません。

さて、彗星の中でも多分もっとも有名なのは**ハレー**(ハリーともいいます)**彗星**ですが、他にもありますので、その周期をまとめてみましょう。

〈いろいろな彗星〉

名称	地球に近づく周期
ハレー彗星	76年
ヘール・ボップ彗星	2534年
百武彗星	11万4000年
ウエスト彗星	55万8300年

ハレー彗星は76年ごとに地球に近づきますが、ウエスト彗星の周期は55万8300年です。このウエスト彗星は1976年に地球に近づき、そして太陽に近づいて４つに分かれました。

さて、ハレー彗星ですが、この彗星については、興味が尽きないところがあります。

この彗星の周期を最初に発見した（もちろん彗星自体は大昔の人も見たことでしょう）のは、天文学者**エドモンド・ハレー**です。彼は、1682年パリでのハレー彗星の目撃などから、当時もっとも新しかったニュートンの「万有引力の法則」を使って研究を重ねた結果、この彗星は76年ごとに地球に近づくことを突き止めたのです。

次に地球に近づくのは1758年です。1682年当時26歳だったハレーは、次にこの彗星を見るためには、102歳まで生きなければなりません。

彼は、102歳まで生きて、もう一度ハレー彗星に出会えたのでしょうか。そこのところは次の項で話しましょう。

57 ハレー彗星は現れたのか？

前項の話の続きですが、残念ながら彼は102歳まで生きることはできませんでした。

確かに、102歳まで生きるということは、絶対に無理というわけではありませんが、彼は1742年に亡くなります(それでも85歳ですから、当時としては長生きなのですよ)。

もう一度ハレー彗星に会いたかっただろう、そして、自分の理論の正しさを確かめたかっただろうということを思うと、人間の寿命の儚《はかな》さを感じてしまいます。

そして、彼の予言通り、1758年にハレー彗星は現れたのです。

“ハレーよ君は正しかった！”

ハレー彗星の大きさについては、問題があります。というのは、彗星は、本体は固体(氷の塊であるが、ハレー彗星の表面はコールタール状だった)で尾を引いています。

つまり、太陽に近づくにつれて、氷は融けて小さくなるのです。

しかし、一応直径は10〜15kmくらいといわれています。地球の直径が1万2756kmですから、それに比べると小さいものです。

次に、尾のことを考えましょう。尾の部分の長さは通常は角度で表しますが、長さに換算すると1億kmあるといわれていますので、もはや私の想像を大きく超えています。

しかし、ハレー彗星が一番大きな彗星ではありません。もっと大きな彗星があります。

観測史上、もっとも尾が長い彗星は**百武彗星**で、尾の長さは実に5億7000万kmあったとされています。

太陽から地球までの距離が1億4960万kmですから、それを軽く超えてしまうということです。

さて、よく彗星には尾が1つしかないように思われがちですが、尾は大きく2つに分かれていて、1つは太陽にあぶられ融けだした氷からなる青いイオンの尾で、もう1つはチリや砂粒からなる白いダストの尾です。

彗星は太陽系の一員ですが、どこから来るのでしょうか。これについてはさまざまな見解がありますが、前項で話した小惑星と無縁ではないとする説もあります。惑星の爆発によって小惑星となったという説によると、ある物は小惑星となったが、ある物は太陽系を漂い彗星になったというのです。

58 流れ星

この項では彗星の続きと**小惑星群**について話をしていきたいと思います。

彗星のチリが地球とぶつかると、**流星群**となります。

時々話題となる**しし座流星群**などは、地球の公転軌道が彗星のチリの中に入って起こる現象です。理屈ではわかっていてもやはり壮観ですよね。

次には、よく話題となる流星群をまとめておきましょう。

〈いろいろな流星群〉

活動する主な流星群	出現最多日　（1時間あたりの予想出現数）
しぶんぎ座流星群	1月4日頃　（40）
みずがめ座エータ流星群	5月4日頃　（5）
ペルセウス座流星群	8月12日頃　（40）
オリオン座流星群	10月22日頃　（10）
しし座流星群	11月17日頃　（5）
ふたご座流星群	12月13日頃　（60）

流星群は他にもありますが、私が高校生の頃、ある日本海の海岸で毎年夏にキャンプをしたことがありました。

その頃は若かったこともあり、夜明けまで友人と話していましたが、その降るような星空から明け方には流星がよく見えました。

上京してからも、流星を見るために、下宿(古いですかね)の屋根に寝転んで空を見上げていたものです。

東京でも特に○○座流星群と呼ばれるものでなくても流星は見えます。

この場合は、流星(りゅうせい)と呼ばずに流れ星(ながれぼし)といった方がいいのかもしれませんね。

高村智恵子は「東京には空が無い(『智恵子抄』－あどけない空の話より)」といったそうですが、立派な空、立派な宇宙が広がっているではありませんか。

でも、下宿屋のオバさんにはいつも怒られていました(屋根が抜けたら三木さんのせいだからね、と)。

さて、ある一説によると、小惑星の中には衛星になったり、彗星になったりしたものがあるようです。ただ、小惑星として残ったものの破片が地球とぶつかった場合、それらは主に金属で構成されていますから、その破片は燃えつきずに隕石《いんせき》として落下することがあります。

隕石はたいてい海に落ちることが多いのですが、たまに、陸地に落ちることもあります。前項で話した恐竜を絶滅させた隕石を思い出します。

59 Q&A 太陽系の存在と星の形は…？

さて、太陽系について話をしてきましたが、いかがでしたか。

太陽系の１つ１つの惑星および衛星、小惑星、彗星等について話をしました。

そして、私たちの地球は太陽系の一員で、太陽系の他の惑星などとともに銀河をまわっていることも話しました。

ここで疑問がいくつかあります。

？疑問１？　**太陽系は特殊な存在なのでしょうか？**

答え　太陽系はごく平凡な恒星である太陽の周りを惑星がまわっているだけの、これまたごく平凡な星系だと思われます。

私たちが存在している銀河において、恒星は1000億個から2000億個あるといわれています。あくまで、太陽のように自分自身がエネルギーを出している恒星だけでその数で、惑星を含まないことに注意してください。

そして、その中には非常に高い確率で太陽系のような星系が形づくられていると思われます。

そして、そのような銀河が少なくとも1000億個以上あるのです。宇宙にはどれだけの太陽系があるのか想像もつきません。

以上より、太陽系は決して特殊な存在ではありません。

？疑問2？　なぜ、星は丸いのでしょうか。

答　え　今まで見てきた小惑星や衛星などの中には丸くないものもありますが、それらは星の破片であることが考えられ、一般に星は丸くなる(球体になる)と考えられています。

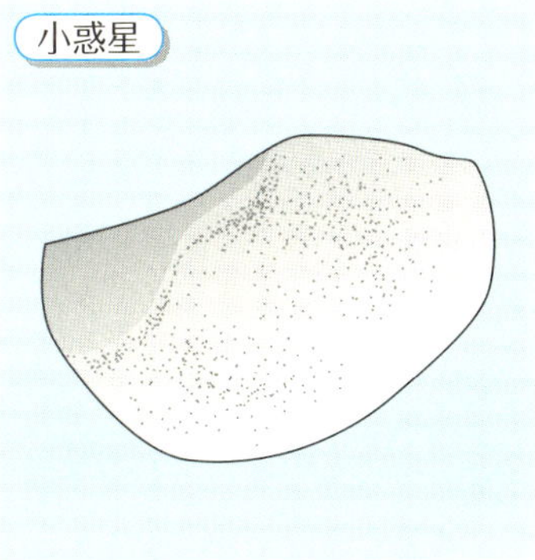

それにはいくつか理由がありますが、次の考え方が有力です。

すなわち、星は今まで話してきたように宇宙にあるチリやガスが集まってできたものです。それは重力のはたらきで均一になろうとします。その均一になった結果が球なのです。決して星は幼稚園児が描くような金平糖《こんぺいとう》のように☆型をしているわけではなく、△型のお握りの形でもありません。

もし、△の形になるとすれば、そうさせた重力がはたらいていると考えられますが、その痕跡はまったくありません。ここは赤塚不二夫さん流に「球でいいのだ」ということです。

60 Q&A 太陽系の最後は…？

この項では前項に引き続き、太陽系に関する疑問を考えてみましょう。

?疑問3?　太陽系がなくなるとどうなるの？

答え　太陽は約50億年先には消滅すると話しました。その前にたぶん木星ぐらいの軌道まで太陽は膨れあがると考えられています。そして、最後はガスが周りに広がって、小さな芯だけが残ります。そこで、「今の」太陽系はなくなります。

「今の」といったのは、太陽系の質量に変化はないので、また数億年か数十億年かけて「別の」太陽系が誕生すると思われるからです。

中国では、「いつ天が落ちてくるのだろう」と心配した人の話が残されています。当然昔の話ですよ。これを「杞憂《きゆう》」ということは知っているでしょう。つまり、心配しなくてもいいことを心配するということです。しかし、今から50億年後の世界ではこれは「杞憂」ではありません。本当に天が落ちてくるのですから。

?疑問4?　彗星の中で「池谷・関彗星」というのがあったと思うのですが、どうなったのでしょうか？

答え　彗星の項に「池谷・関彗星」を話したかったのですが、スペースの都合で話をすることができませんでした。

彗星にはその発見者の名前が冠されることが習わし(なにか古い言葉ですね)となっています。この彗星は、1965年９月17日、台風が通過する中で、池谷薫さんと関勉さんが、それぞれ浜松と高知の別々の場所でほぼ同時刻に発見したのでこの名前が付いています。

発見後の1965年10月21日の昼間にはマイナス17等になったといいます。満月がマイナス12等ですから、非常に明るく見えました。

ですが、この彗星はどうやら爆発してしまったらしいのです。

そして、池谷さんと関さんはまた違う機会に同時刻に彗星を発見しています。つまり、「池谷・関彗星」は２つあったということです。

なお、池谷さんも関さんもその他多くの彗星を発見されています。

61 Q&A 隕石から発見されたものとは…？太陽は明るかった？

この項でも前項に引き続き、太陽系に関する疑問を考えてみましょう。

？疑問5？　地球に落ちてきた隕石から微生物が発見されたという話を聞いたことがあるのですが、本当ですか？

答え　微生物が発見されたことはありません。おっしゃっているのは、たぶん、1969年にオーストラリアに落下した隕石のことだと思われます。その隕石からは生物の基となるアミノ酸類が発見されました。確かに、生物の基が発見されたことは事実です。しかし、それは微生物ではありません。

？疑問6？　太陽系は私たちの銀河の中心にあるのでしょうか？

答え　都会では見ることはできませんが、少し田舎に行くと、天の川がよく見えます。あれが私たちの太陽系が帰属している銀河なのです。銀河系は、直径が10万光年あると考えられていて、中心は凸レンズのように膨れあがっています。

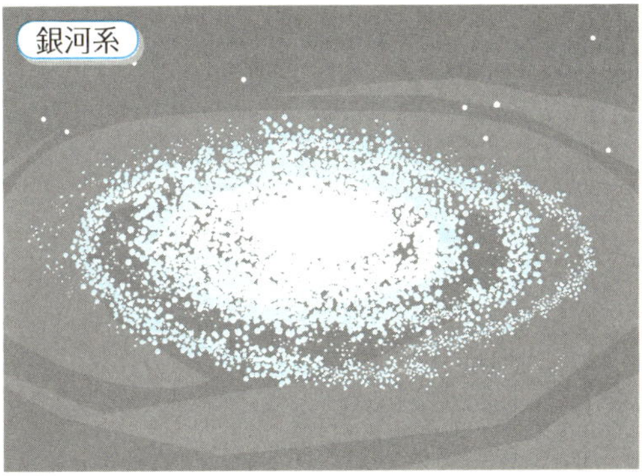

私たちの太陽系は、銀河の中心から3万光年離れたところに位置していることがわかっています。

昔、ガリレオの時代には、銀河の中心に太陽系があると考えられてきました。いいかげん、私たち人類を中心に物事を考えることはやめたほうがよいと思いますが…。前項でも話したように、私たちの太陽系は宇宙の中でも平均的な星系なのです。

?疑問7? 太陽は何等級の星なのですか？

答え 地球から見た等級はマイナス27等級で、全天でもっとも明るい恒星です。

昔、アメリカのテレビ映画で宇宙のある星にキャンプし、たくさんある星々の中から私たちの太陽を見つけるシーンがありました。そこでは、太陽は夜空に無数にある星の１つにすぎずそんなに輝いていませんでした。

ただ、キャンプに参加した登場人物は「他の星に行って太陽を見ることが夢だった」といっていたのが印象的です。私も見たいと思います。

62 冥王星

ここまででは「冥王星」についてまったく触れていなかったので、ここで話をしておきたいと思います。

私が小学校の頃は、太陽から近い順に「**水・金・地・火・木・土・天・海・冥**」と習いました。

みなさんの中には、「**水・金・地・火・木・土・天・冥・海**」と冥王星と海王星を私の時代と逆に覚えた人もいると思います。

これはその時は、冥王星の方が海王星より太陽に近い軌道となっていたからです。

冥王星の軌道

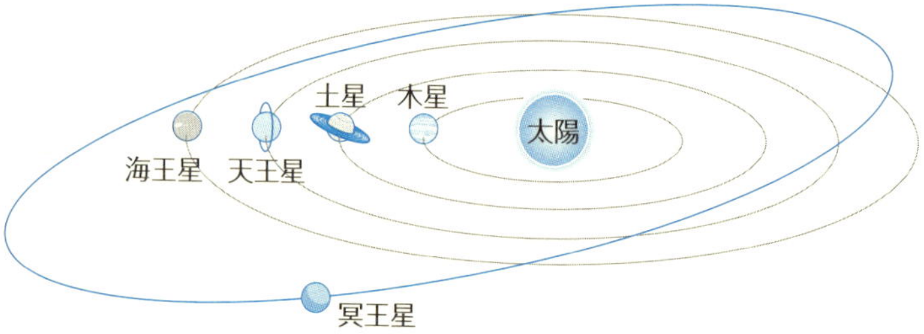

それが、最近(2006年以降)の教科書では、冥王星は惑星の地位を追われ、「準惑星」になってしまったと書かれています。これはどういうことなのでしょうか。

そもそもの惑星の定義はここでは難しいのではずしますが、冥王星はこの定義にあてはまらないことが国際天文学連合の総会決議によってなされ、準惑星への降格が決まったのです。

そもそも冥王星が発見されたのが1930年と、比較的最近ですから、惑星としての認知は76年間だったことになります。

でも、参考のために冥王星のデータも出しておきましょう。

〈冥王星のデータ〉

直径	2274km
太陽からの距離（平均）	59億1510万km
1年の長さ	248年
1日の長さ	6日9時間17分
大気	ほとんどなし

冥王星の直径は、月の3475kmより小さなものです。しかし、衛星が少なくとも３つは発見されています。もっとも大きな衛星は**カロン**と呼ばれる衛星で、直径は冥王星の半分近くあります。

ところで、冥王星が発見された1930年当時、この惑星(今は準惑星ですが)の名を募集しました。この冥王星というのは、ローマ神話の冥界、つまり死者の国の王であることを意味します。英語名は「**プルート**」といいますが…。

みなさんは、ディズニーの映画に登場する「プルート」という犬を知っていますか。彼の登場は1930年、つまり、彼の名前の由来は冥王星だったのです。2006年に冥王星が降格させられ、それがディズニーに影響するとはね。

～エピローグ～

私の「天文」への興味は、中学の時に読んだ本がきっかけだったということはプロローグに書きました。

ここで唐突ですが、皆さんは100ｍ競走をご存じですよね。短距離の王の100ｍ競走はオリンピックの花形といってもいいでしょう。オリンピックでは世界でもっとも速い者を決めるのですからね。

でも、スポーツには弓道もありますし、冬季のオリンピックで有名になったカーリングなどもあります。

どうしてこんなことをいっているかというと、走ることは世界中のほとんどの人種が行います（一部走らない人種もあるようですがそれは稀です）。

だから、オリンピックで金メダルをとれば、世界で一番速いといっても過言ではありませんが、しかし、世界中の人の全てがカーリングの経験者ではありません。

したがって、オリンピックのカーリングで金メダルをとっても世界で一番とはいいにくいと思うのです。

ひょっとしたら、やったことがないだけで、あなたはカーリングの名手、弓道の名手かもしれないのです。

この理屈でいくと、今まで宇宙に興味がなかったけれど、一度、天体望遠鏡をのぞいてウォッチングをやってみると、あなたはそのとりこになってしまう可能性だってあるのです。

人には出会いがあります。あの人はなぜ、ボクシングをはじめたのだろうとか、なぜ相撲をするのだろうとか、考えたことはありませんか。

それは、父母がやっていたことによって小さい頃から親しんできたなどの理由によることが大きいのです。

私の場合、「天文」への興味は１冊の本が決め手でした。

あなたにとって、この本がその１冊になることを祈ります。

そして、家族で夜空を楽しんでください。一人でもいいから「天文」の素晴らしさに気がついてほしいのです。

そのことを願ってペンをおきます。

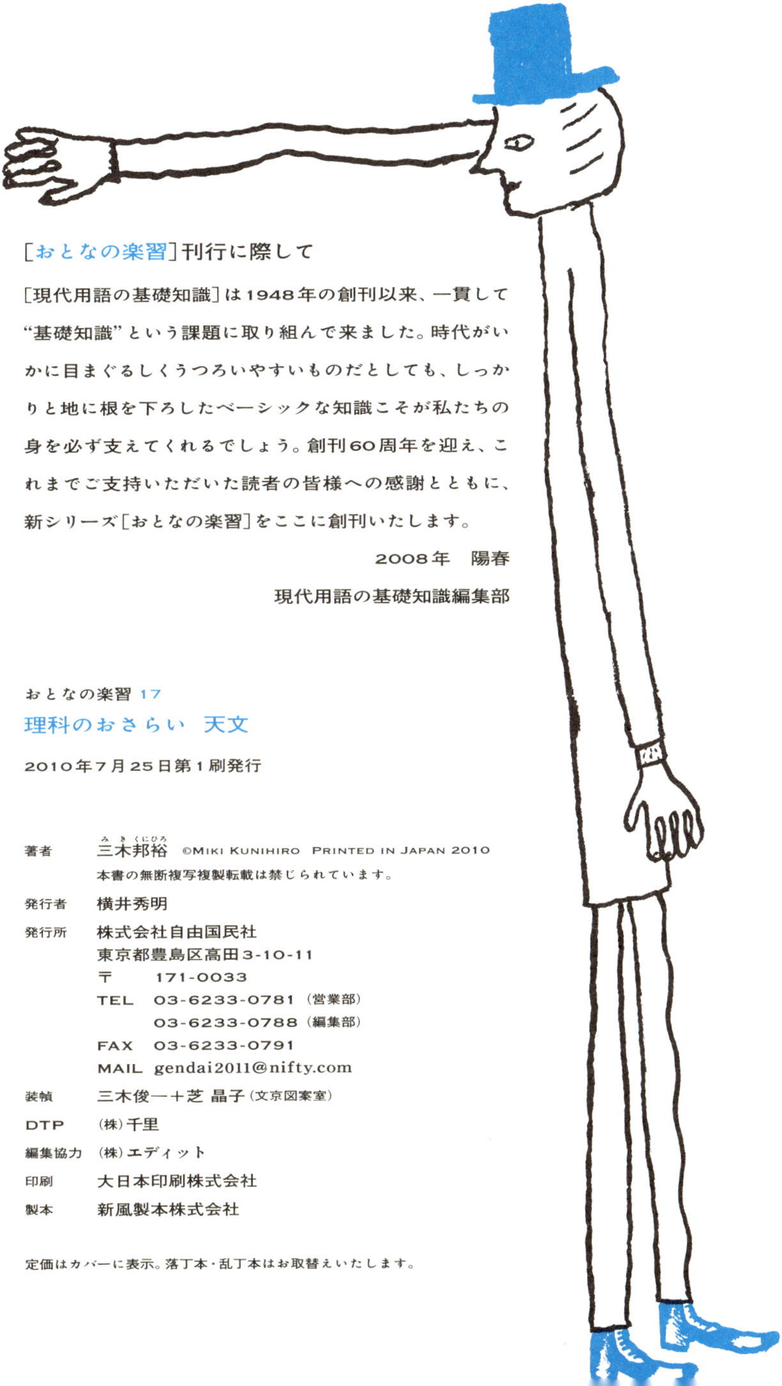

［おとなの楽習］刊行に際して

［現代用語の基礎知識］は1948年の創刊以来、一貫して“基礎知識”という課題に取り組んで来ました。時代がいかに目まぐるしくうつろいやすいものだとしても、しっかりと地に根を下ろしたベーシックな知識こそが私たちの身を必ず支えてくれるでしょう。創刊60周年を迎え、これまでご支持いただいた読者の皆様への感謝とともに、新シリーズ［おとなの楽習］をここに創刊いたします。

2008年　陽春

現代用語の基礎知識編集部

おとなの楽習 17
理科のおさらい　天文
2010年7月25日第1刷発行

著者　三《み》木《き》邦裕《くにひろ》

発行者　横井秀明
発行所　株式会社自由国民社
東京都豊島区高田3-10-11
〒　171-0033
TEL　03-6233-0781（営業部）
03-6233-0788（編集部）
FAX　03-6233-0791
MAIL　gendai2011@nifty.com
装幀　三木俊一＋芝 晶子（文京図案室）
DTP　（株）千里
編集協力　（株）エディット
印刷　大日本印刷株式会社
製本　新風製本株式会社

定価はカバーに表示。落丁本・乱丁本はお取替えいたします。

言葉は、広い世界への入り口。
ページを開けば明日が見えてくる。

「今日の論点」で新聞の難しい記事も理解できるようになった。
●40歳・男性

政治から流行まで幅広く、ぱらぱらと見てるだけで世の中が一望できる。
●28歳・男性

言葉を調べるための事典と思ってたら、有名な学者の論考も載っていて得した感じ。
●23歳・男性

ネットも良いけれど、もっと正確で、知識として身になる。
●32歳・男性

生まれる前からずっと出ている本だから信頼できる。
●29歳・女性

カラーページも多くて見やすく、似顔絵もおもしろい。
●17歳・女性

ニュースになった言葉をじっくり調べることができる。
●58歳・女性

ちょうど枕の大きさ。昼寝を終えると頭が冴えているから不思議。
●48歳・男性

現代用
基礎知
Encyclopedia of contemp
日本の「ことば」を見つめて、62年
1948年の創刊以来
3200万読者の支持を集める
ロングセラーの金字塔

今日の論点「政権交代」から「
Today's KeyWo
2010年代の新・常識
やくみつる "政権交代" を新
人物で読む昭和&
[戦後の人気者たち]から世
201

書店発売後の、追加情報、新語情報は、
各ケータイサイトの「モバイル現代用語」で。〈利用料金は月額105円〉